厨房科学
超图解

700个料理冷知识，
解密烹饪的真相

厨房科学
超图解

700个料理冷知识，解密烹饪的真相

[法]亚瑟·勒凯斯纳 著

[法]扬尼·瓦鲁思科 绘　孙静 译

华中科技大学出版社
http://www.hustp.com

中国·武汉

前言

为什么？为什么呢？可是，为什么呢？

如果您有孩子，您一定经历过任何事情都要被问个"为什么"的阶段：为什么天空是蓝色的？为什么会下雨？为什么四季豆是绿色的？为什么煮意面时水会溢出来？

十万个为什么，这是一个神奇的阶段，因为我们会去思考一些平常不会去考虑的问题，由此我们也可以学到很多知识。当我们对烹饪产生浓厚的兴趣时，就会意识到，其实我们不仅对厨房里的一切并不了解，而且还会质疑一些记忆中的厨房理论（通常都是错的）。正因为如此，我们才能了解为什么煮意面时水会溢出来（以及如何避免这种情况的发生），并且会明白为什么没有必要用大量的水煮面，为什么说草莓和苹果是蔬菜，为什么牛肉里流出的红色液体不是血，为什么大部分鱼肉都是白色的，为什么香脂醋不是醋，为什么烹饪时为了避免热冲击而提前将肉从冰箱里取出来是愚蠢的行为……

啊，还有为什么意大利肉酱面不存在！

目录

必备的工具

－ 10 －

基本调味品

－ 32 －

乳品和鸡蛋

－ 72 －

米和意大利面

－ 96 －

肉类

－ 118 －

河鲜和海鲜

－ 140 －

蔬菜

－ 168 －

准备工作

－ 178 －

烹饪

－ 194 －

厨房用具

做糕点的擀面杖不是用来施暴的，同样，铝箔纸也不是用来染头发的。
用打蛋器打鸡蛋和奶油效果很好，但用别的工具却不行……
学会使用厨师的专业工具会让您事半功倍！

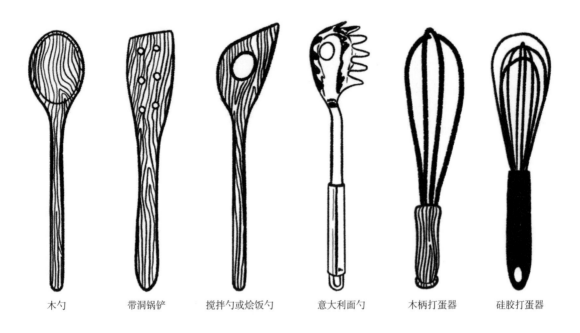

| 木勺 | 带洞锅铲 | 搅拌勺或烩饭勺 | 意大利面勺 | 木柄打蛋器 | 硅胶打蛋器 |

真相

为什么人们常说要用木勺来搅拌呢？

这源于一个很可笑的信仰，有人坚持认为不锈钢会破坏食物的味道。不锈钢是一种中性材料，没什么味道，严格地说，它真的没有任何味道。用木勺搅拌和用不锈钢勺搅拌没有任何区别，如果非要加以区分的话，那么就是木勺不容易将食物戳破。但是用木勺搅拌出来的食物并不会比用不锈钢勺搅拌的食物更均匀、更黏稠或者更蓬松。

为什么有带洞锅铲？

用带洞的勺子或者铲子搅拌食物，可以沥去多余的液体，只保留干的食材。这是翻拌和盛取蔬菜、鱼类和肉类的理想工具，因为使用这样的勺子可以尽可能地避免食物中存留过多的水分。

为什么有的勺子中间会有一个大洞？

因为用普通的勺子搅拌时，一部分食物会挂在勺子圆形的底部并且粘在一起。勺子中间的大洞有两个作用：一是可以防止食物粘在一起，二是勺子中间大洞的边缘可以让搅拌的速度提高一倍。在意大利，这种勺子被称为"烩饭勺"；在法国，这种勺子被称为"搅拌勺"。

为什么说钢丝数量决定了打蛋器的质量？

在搅拌的过程中，打蛋器上的每一根钢丝都会作用于预拌的食物，使其发泡。打蛋器上的钢丝数量越多，每次搅拌产生的泡沫就越多，自然打发的效果就越好。

为什么要尽量选用金属打蛋器而尽量避免使用木质和硅胶打蛋器呢？

金属打蛋器的表面比较平滑，可以完美地划开食材，而木质打蛋器的表面比较毛糙，食物容易黏附在打蛋器粗糙的表面，并且食物很难被划开。而硅胶打蛋器则因为太软，无法有效地将食物打发。

为什么乳化打蛋器可以很好地完成乳化？

注意啦！乳化打蛋器可以很好地乳化某些食材，比如油醋汁，但却无法打发蛋清。乳化打蛋器的工作原理是什么呢？其实很简单：它柔软的金属丝和顶端的小球可以减少混入预拌材料的空气，并且能够将食物分离成小球状再打碎。这种打蛋器可以完美地将结块的食物打散，并且搅拌出细腻顺滑的液体，同时也能避免产生过多的气泡。

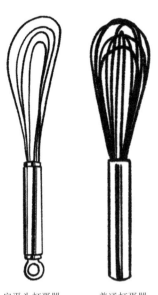  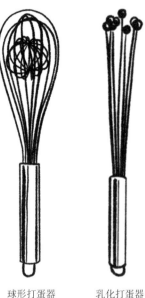 

扁平头打蛋器　　普通打蛋器　　　球形打蛋器　　乳化打蛋器

为什么意大利面勺中间会有一个洞，边缘会有锯齿呢？

啊哈，又是一个洞……这个洞主要有两个作用：首先，煮面前，您可以利用这个洞量取一人份的意大利面；其次，在捞起煮好的意面时，它可以沥去煮面的水。而勺子边缘的锯齿可以让意面挂住，不会滑走，这样更方便捞取意面。

为什么会有扁平头打蛋器？

这种打蛋器一般用于制作分量较少的酱汁，扁平头可以用来刮取粘在锅底的汤汁，还可以用来乳化不稳定的酱汁。另外，炒鸡蛋时，用扁平头打蛋器打蛋可以避免蛋液中产生过多的气泡。

为什么有的打蛋器中间会有一个球状物？

这是个新奇的小玩意儿。一些金属打蛋器中间的小球可以加速预拌材料的打发，因为这个球状物增加了打蛋器钢丝的数量，打发预拌材料的钢丝越多，打发的速度就越快。唯一的困扰就是它清洗起来比较麻烦。

厨房工具

为什么打蛋盆的底部是圆的？

防滑打蛋盆

　　当我们用平底的容器打发蛋清时，是否经常会发现蛋清的表面被打发得很好，而下面仍然是未打发的蛋清？原因很简单，就是因为圆头的打蛋器无法伸进边角里。而对于圆形底的打蛋盆，没有打蛋器无法触及的角落，因此它更利于预拌的材料打发。搅拌时有个小窍门，就是在盆底垫一块湿抹布，再用另一块湿抹布包住盆底用来保持稳定。这样您就可以完美地打发蛋清了。

小常识

为什么木质砧板比塑料砧板更卫生？

　　细菌主要会在切菜产生的划痕里滋生。科学实验表明，木质砧板含有一定的丹宁成分，可以有效地杀菌，而在塑料砧板上，细菌则可以很好地存活并不断繁殖。

还有，为什么坚决不要用玻璃砧板和花岗岩砧板？

　　这两种材料对于锋利的刀刃而言过于坚硬，容易在切菜时损坏刀刃。而木头要软得多，可以让刀刃有嵌入的空间而不至于破损。

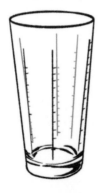

注意！

为什么量杯没有磅秤称量精确？

　　量杯是通过体积来量取材料的，而非质量。用量杯来量取液体是很好的，但是用来量取固体，如糖或面粉，精确度就不那么令人满意。量取物品的总体积和量取材料的颗粒大小有关：颗粒越大，那么颗粒间的空隙就越大；反之，如果量取食材的颗粒间隙越小，那么量取的精确度就越高。

关于擀面杖的两个问题

1 **为什么说擀面杖的材质并不是那么重要?**

　　无论是木质的、金属的、塑料的还是硅胶材料的擀面杖,使用体验都差不多。金属擀面杖唯一的缺点就是厨师手上的温度会让它变热,从而导致擀出来的面团略微有些偏软。因此,最好将擀面杖在冰箱里放置30分钟再使用。除此之外,我们就可以随心所欲地选择自己偏爱的材质制作的擀面杖。天然的木质擀面杖或是易于打理的硅胶擀面杖,随您怎么选,您才是主厨。

2 **那么直径呢,重要吗?**

　　直径越大,与面团接触的面积就越大,擀出来的面皮就会越薄越圆。您能想象用一根串烤肉的竹签来擀面吗? 用于制作传统的面食,直径5~6厘米的擀面杖就足够了。

为什么下厨的时候必须要用烹饪温度计?

　　要想确认蔬菜是否煮熟,只需要尝一下就可以了。但是,要鉴定一条羊腿、烤肉卷或是用酥皮包裹的鱼肉是否熟了,就没那么简单了。要想掌握食物烹制的程度,没什么比知道它们内部的温度更有效的方法。

　　您只需要将温度计调到预设的温度,一旦温度达到,就会有提示音响起。

　　当您要准备周末大餐的时候,这个小技巧能够确保您做出来的菜不糊不干且火候刚刚好。

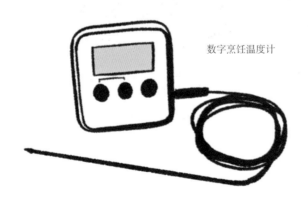

数字烹饪温度计

为什么用烤箱时还需要使用温度计?

　　烤箱的温度调节器并不是很准确,它一般位于烤箱内壁下面,并且无法根据烘烤食物的体积和密度来控制温度。例如,烤两只整鸡的温度要比烤一个多菲内脆皮奶酪烤土豆(gratin dauphinois)的温度要高,而烤制这两种食物的温度又比只烤一个柠檬挞的温度要高。烤箱温度计可以帮您校准烤箱的温度调节器。另外,您要知道,尽管烤箱温度显示的是180℃,烤箱加热的实际温度一般在160℃~200℃之间,所以,当您需要同时做几道菜的时候,您就可以利用烤箱的温度调节器来设定所需的温度。

厨房工具

为什么烘焙纸不会粘在食物上？

烘焙纸有两种：硫化纸是经过硫酸浸泡处理的纸，硫酸可以溶解长纤维并且形成纤维素凝胶，这种凝胶可以防止食物黏附；硅胶烘焙纸上覆盖着一层薄薄的硅胶，同样可以防止食物的黏附，在烤箱温度不是特别高的情况下，这种烘焙纸还可以重复使用。

为什么铝箔纸的一面是感光面，另一面是亚光面？

在生产过程中，两片铝箔被叠加在一起，这样使得它们被夹在两个气缸间同时被拉伸时不易断裂。两片铝箔间的摩擦导致其中一面是亚光面，而与气缸接触的另一面则是感光面。其实，在使用的过程中，两面的效果是一样的。

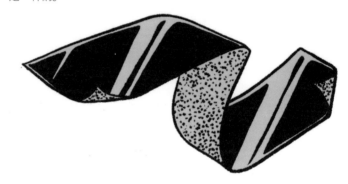

健康小贴士！

为什么说要尽量避免使用铝箔纸呢？

因为铝箔纸的耐热能力很差，而且当它与酸性食物接触时还会导致食物中产生某些神经毒素。如果您一定要使用铝箔纸的话，最好在铝箔纸和食物之间隔一层烘焙纸。当然，相反地，在冷藏保温时，使用铝箔纸是完全没有问题的。

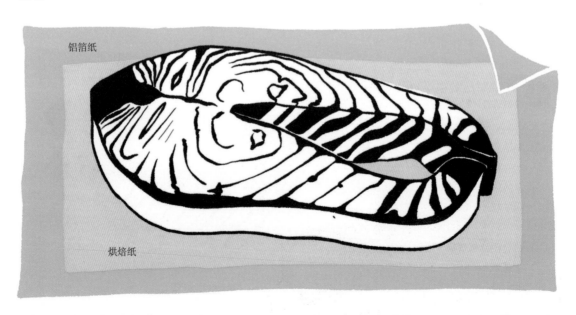

铝箔纸

烘焙纸

关于硅胶的四个问题

① **为什么说硅胶厨具没有金属厨具好用呢？**

因为硅胶厨具比金属厨具要软得多，硅胶厨具操作起来没有那么精准，切割和翻拌食物都没有金属厨具那么顺手。硅胶厨具唯一的优点就是它不容易刮花平底锅的涂层。

硅胶刷

天然毛刷

② **硅胶刷没有毛刷好用吗？**

硅胶刷的刷毛过于厚重、稀疏并且太软，因此，硅胶刷容易粘住大量的液体（融化的黄油、做蛋糕的蛋黄液、糖霜淋面等）。毛刷会黏附的液体较少，并且可以刷得更平滑。所以，听我的！扔掉硅胶刷，您值得拥有更好的毛刷！

③ **为什么在使用硅胶模具前不用刷油？**

实际上，在初次使用某个硅胶模具时是需要在模具内刷一层油，以后使用就不用再刷油了。因为模具里会一直有一层薄薄的油膜，而且硅胶本身也是防粘的。另外，我们常用的烘焙纸上的硅胶膜同样是防粘的。

④ **不要将硅胶模具放在烤箱的烤架上烤？**

使用烤箱时，我们考虑的通常不是温度的高低，而是红外辐射的功率。而这正是硅胶制品最怕的东西，没有之一：就算烤箱温度没有达到200℃，硅胶模具也会开始熔化。因此，千万不要用硅胶模具烤蛋糕，否则您可能会在烤箱底部发现一大块"蛋糕"。

硅胶在红外线辐射下
以及温度达到200℃时开始熔化！

刀具

刀就是用来切食物的，这毫无疑问。的确，但是您知道如何挑选一把好刀吗？
您知道刀具如何保养吗？您知道如何使用刀具才不会影响食物的味道吗？
以及如何挑选一把不会割伤自己的刀呢？

为什么刀刃会有各种不同的形状？

每种形状的刀刃都有其特殊的用法。

刀刃微微向外凸起的刀具是最常见的，如切片刀、削皮刀和主厨刀等。刀身比较小的，可以用来雕刻蔬菜或者切小块的肉。刀身比较大的，一般用来切蔬菜或者切大块的肉。

刀刃向里凹的刀具
一般是用来进行精细操作的小刀，通过旋转刀刃来为蔬菜做造型。

刀刃先向里凹再向外凸的刀具
通常用于给肉去骨或者剔除鱼骨。

刀刃是平的刀具
用于精细操作，例如切小块的水果、蔬菜以及小块的禽类或者鱼类。

带锯齿的刀具
可以通过锯齿产生的较大的压强来切割软韧的或者特别硬的食材。

先凹后凸形刀刃

平直形刀刃

凸形刀刃

凹形刀刃

蔬菜雕刻刀　　　蔬菜刀　　　剔骨刀　　　削皮刀

番茄刀　　　　　主厨刀　　　　　第二主厨刀　　　　　切片刀　　　　　面包刀

各类刀具

为什么主厨刀的刀身比其他刀的刀身更大？

刀身大的刀，其中一个好处就是切菜时受力面积比较大，另外所切的食物刀口比较工整。

为什么面包刀上会有锯齿？

用平的刀刃切割食物时产生的压强会作用在整条刀刃上，但是用带锯齿的刀刃切割时，用同样的力道，压强会作用于锯齿的顶端，因为接触面积要小得多，因此会更加强劲有力。锯齿可以帮这把刀轻而易举地切开非常软韧或者非常坚硬的食物。

"用切面包的刀切出来的肉比用平口刀切出来的肉更加粗犷，更具风味。"

注意啦！技术问题！

为什么说用面包刀切出来的肉更具风味？

当使用非常锋利的刀切肉时，刀口通常是非常平滑的、完美的，而且切完的平整的肉片最大限度地降低了肉与烤盘间的接触面积。

但是，如果用面包刀来切肉的话，切出来的肉没有那么完美，切口略显粗糙，纤维有些松散。但这样一来，更大程度增加了肉与烤盘的接触面积，并且可以产生更多的美拉德反应［译者注：亦称非酶棕色化反应，是广泛存在于食品工业的一种非酶褐变。它是羰基化合物（还原糖类）和氨基化合物（氨基酸和蛋白质）间的反应，经过复杂的历程最终生成棕色甚至是黑色的大分子物质类黑精或称拟黑素，故又称羰氨反应］。煎肉时也会更易上色，肉的外皮更加松脆，可以保留更多肉类的精华，将更多酱汁锁在凹凸不平的表面里。

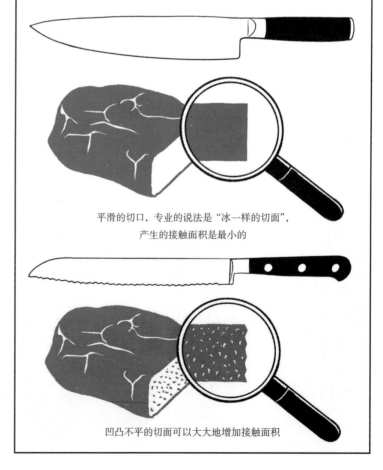

平滑的切口，专业的说法是"冰一样的切面"，产生的接触面积是最小的

凹凸不平的切面可以大大地增加接触面积

为什么切火腿和烟熏三文鱼的刀上会有凹槽？

当我们切火腿或者烟熏三文鱼时，柔软而布满油花的切片会粘在刀刃上。刀身上的凹槽可以增加刀刃与切片食物间的空气流动，这样可以防止食物黏附，使切口更平滑。

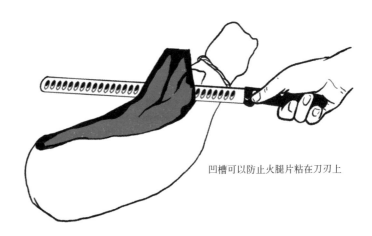

凹槽可以防止火腿片粘在刀刃上

聚焦

为什么番茄刀上的锯齿又细又密？

番茄的皮很软，可是即使用非常锋利的刀也很难切断。解决的办法和切面包一样，就是用非常尖细的小锯齿来增加切割过程中的压强。这样一来，番茄皮就没那么难切了，刀刃切过番茄的时候，也不会压烂熟透的番茄果肉。

为什么黄油刀通常是木质的？

木质的、刀身边缘较为圆润的刀刮取的黄油形状比较美观。而且相较金属刀刃的黄油刀而言，木质黄油刀给人一种温润、天然的感觉。

为什么"龙利鱼"刀的刀刃特别柔软？

要想在不破坏且不损失鱼肉的情况下取下整条鱼柳，必须使用一把能够抵在鱼骨中间并与鱼骨形状相契合的刀。硬的刀刃无法弯曲，会让鱼肉留在鱼骨的边缘。而"龙利鱼"刀柔软的刀刃可以沿着鱼骨，且不受约束地随着鱼柳的走势而变化。啊哈，您就可以剔出一条完美的鱼柳啦，和专业的厨师一样！

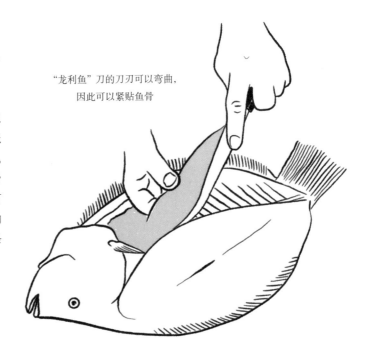

"龙利鱼"刀的刀刃可以弯曲，因此可以紧贴鱼骨

各类刀具

为什么尽量不要用磁力金属刀架？

　　一把刀，可以说相当的脆弱！厨刀的刀锋和剃须刀的刀片一样薄，如果您用它去撞击坚硬的表面，那么它很快就会磨损。金属刀架对于咱们的精细工具而言太硬了。如果您真想把刀具挂在墙上的话，有一种磁力刀架，它的表面包裹了一层木材，这种刀架的材质相对比较软，不容易损坏刀锋。另外，也要尽量避免使用那种填充了许多金属球的刀架来插刀刃，这种金属球同样太硬了，容易损坏刀锋。所有这些新奇的小工具都只适用于劣质的刀具！

　　我知道，反复强调这些保护措施令人厌烦，但是，一把好刀是需要细心呵护的，所以必须使用木质的刀架。

为什么高品质的刀具不能放进洗碗机？

　　答应我，千万不要用洗碗机清洗您的好刀！刀锋是用于切割的，它是相当锋利的，其厚度不过几微米。哪怕是材质最硬的钢刀的刀刃，它薄薄的刀锋也是非常脆弱的，即使最轻微的撞击也会导致刀锋扭曲、变形或者缺损。当然，可能破损造成的缺口很小，目力难及，但是久而久之，刀具将不再锋利，不再精准，而想要修复扭曲变形和缺损的刀刃是很难的。当您将刀具放入洗碗机时，刀具与其他餐具（杯子、盘子等）的轻微碰撞在所难免，这样就会给刀锋造成无法挽回的损伤，从而缩短刀刃的寿命。学着和大厨一样，好好爱惜您的刀具，把它当作您的另一只手来对待。

"这样收纳，刀具不会互相碰撞并且刀锋也不易磨损。"

关于刀刃硬度的三个问题

❶ 为什么说刀刃的材料非常重要？

用于制造刀刃的钢的质量良莠不齐。碳含量越高，刀刃越坚硬。

碳钢刀刃是刀刃中最坚硬的，也是使用寿命最长的，但是正是因为它的硬度较高，反而很难打磨得非常锋利。世界各地钢刀的碳含量也参差不齐，欧洲最软的钢刀的碳含量是0.3%，最硬的钢刀的碳含量是1.2%，而在日本，钢刀的碳含量可以高达3%。由于钢刀很容易生锈，所以钢刀需要好好保养。

不锈钢刀刃是目前比较常见的，因为它既坚硬又容易保养。我们可以加入少量的碳、铬及其他金属成分来调节刀刃的软硬程度。

陶瓷刀刃非常锋利，质量轻，但同样很脆弱，轻微的扭曲变形或者磕碰都会导致其受损。另外，陶瓷刀通常得不到厨师们的青睐，因为陶瓷刀刃没有钢刀的刀刃薄，手感相对较差。

❷ 为什么又薄又硬的刀刃适合切较软的食物，反之亦然？

越薄、越硬的刀刃，也越锋利，但比较难磨。这种刀具就和剃刀一样锋利，但是也非常脆弱，因此通常用于切较软的食物，如蔬菜、水果和鱼类，以防止刀锋磨损太快。

相反，刀刃越厚越软，刀锋就越钝。但是它们很好打磨，且可以经常打磨。这类刀具通常用来切较硬的食物，如带骨的肉类，剁骨头时猛烈地撞击很容易让刀锋缺损。

❸ 为什么刀具会有不同的硬度？

从52到66之间的数值表示用于制造刀刃的钢材的硬度。

数值越小，钢材的质地越软；反之，数值越大，钢材的质地就越硬。

质地越硬的钢材，制造工艺就越考究，因为这种钢材比较贵。

钢材的硬度是影响刀刃质量的重要因素：质地越软，刀刃的精准度越低，但越好打磨。相反，质地越硬，刀锋越薄，也越脆弱，同时也更难打磨。

56以下：用于制造最常用、便宜的、质量一般的刀具。这类刀具很容易打磨，但需要经常打磨。

56～58：这是德国专业刀具的硬度水平。这类刀具同样很好打磨，也需要经常打磨。

58～60：从这里开始，我们就要说到日本刀了。这类刀具可以长时间保持锋利的状态，但是磨刀会变得困难，适合经验丰富的业余厨艺爱好者使用。

60～62：用于制造非常硬并且非常精准的刀刃，这类刀具也很难磨快。这已经是刀具中的极品了，当然制造工艺也非常精良。

62以上：这类刀具是给真正的厨艺狂热爱好者准备的。钢材的质地相当坚硬，刀锋非常脆弱，磨刀的工艺非常复杂。

为什么刀具有锻造和模压之分？

普通刀具的刀刃通常是利用冲压工艺制造的，也就是说将钢材修剪成钢片，而后再进行打磨。

优质的刀具一般都配备纯手工锻造的刀刃，通过压碎金属中的原子，使其转化成微小的晶体。将这些刀片高温加热然后迅速冷却，以提升刀刃的硬度。

各类刀具

关于日本刀具的两个问题

1 **为什么有的日本刀会有不对称的刀刃？**

绝大部分刀具的刀刃两面都是锋利的，但有些日本刀的刀刃却是不对称的：一面磨得很尖并且很锋利，而另一面却是平且钝的。刀刃的形状会影响刀具切割的功能甚至食物的味道：只有一面锋利的不对称刀刃在切菜时压力全部集中在锋利的那面，而对称刀刃切菜时施加的压力则分布在两面。用只有一面开刃的刀切出来的食物味道更纯粹。

这种刀具比普通刀具更薄、更精细，主要用来切鱼肉，特别是可以用于制作寿司。平的一端可以抵住鱼骨而不破坏鱼肉组织，同时用锋利的一端轻轻将鱼肉划开。在切寿司时，平的那面能够提供一个可以放在寿司上的光滑平面，而锋利的、略微有些不规则的那面则可以贴在寿司饭上，便于抓握。

这种刀也适用于剔除鱼皮，因为鱼皮上会有黏液，所以食用时会将鱼皮和鱼肉分开，以防止鱼肉的口感遭到破坏。刀刃平坦的一面可以贴在鱼皮上，而锋利的一面插入鱼皮和鱼肉之间，将鱼皮剔除干净。在日本，顶尖的美食家都是很挑剔的，他们认为切鱼是一门艺术。

不对称的刀刃　　　　　　　　对称的刀刃

切分用于寿司的刺身

2 **为什么使用平刃日本刀时要自下而上，从前往后地切呢？**

使用较大的欧洲刀具切片时，一般会先将刀刃的前端轻放在案板上，然后从后往前（或从前往后）规律地以钟摆的方式切割。为了使这个以钟摆的方式切割的动作更容易完成，刀刃的底端一般是圆的。而较大的日本刀的用法则大相径庭：刀尖一般不会靠在案板上，切菜的时候一般是从上往下，并且重复地从后往前（或从前往后）切。由于刀刃不接触案板，因此没有以钟摆的方式切割的动作，所以刀刃不需要做成圆的，一般都是直的，或者几乎是直的。

欧洲刀

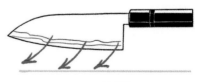

日本刀

为什么会有右手用刀和左手用刀之分呢？

有些高品质的刀具会在刀柄上包裹一层微微凸起的浮雕，这样使用者更容易握住刀柄，并且切得更精准。这层浅浅的浮雕是根据手指关节的走向设计的，起到稳定的作用。偏向右边的适合惯用右手的人使用，偏向左边的则适合惯用左手的人使用。

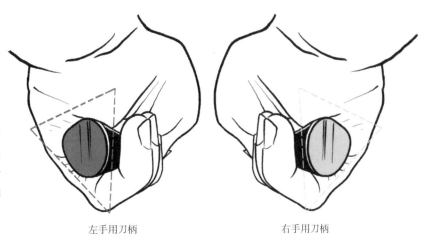

左手用刀柄　　　　　右手用刀柄

正确的方法

为什么切菜时食指不能放在刀背上？

当您将食指放在刀背上时，您就会不自觉地从上往下施加压力，而这个力能够贯穿刀身。这样在切菜的过程中，您可能会破坏食材，从而导致影响食物的质量：细胞被压碎、果汁流失，许多食物是被扯开的而不是被切开的。

那么，将拇指放在刀身的一侧能够提高切菜时的精准度吗？

将拇指放在刀身的一侧，您可以控制刀身向左或向右的倾斜度，同时整只手可以来负责控制刀身前后的倾斜度。这样您就可以完全掌控您手上的刀具了。这是优秀的厨师都会的掌控技巧。

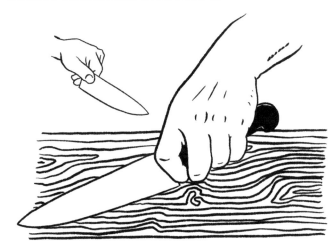

要想很好地掌控刀具必须避免不佳的倾斜度

为什么要从前往后轻轻地切？

呵，我最怕看到有人为了切断食物而用刀使劲地切！切菜的动作是优雅的、性感的，食物需要被温柔地对待！让刀刃进到食物里，我们从来不会使很大的劲，从不！从前往后切的动作可以干净利索地将食物切开，而用刀使劲地往下切则是在撕扯食物。您手中握着的是刀，不是切割机，请温柔些。

磨刀器与磨刀棒

磨快、磨薄……我们不能保证总是这样。
但如果您希望您的刀具用起来又快又准，那么您就得用心地保养您的宝贝刀具了！

为什么磨刀棒、磨刀器、磨刀石以及开刃棒的作用各不相同呢？

*磨刀器*放在台面上就可以使用，使用方法简单但效果并不是很理想，且打磨得不够精细，保持刀刃锋利的时间也不长，仅适用于便宜的刀具。

*电动磨刀器*简直是懒人福音！操作简单、快捷，效果也不错。但是，在把刀刃打磨锋利的同时，它也会对刀具本身造成大量的损耗，从而容易缩短刀具的使用寿命。

*磨刀石*可以说是真正的磨刀神器，在把刀刃磨快的同时也可以把刀刃打磨得更薄，它无疑是最好的磨刀工具！操作起来并不复杂，但磨刀的时候动作要很仔细、很精准。

*磨刀棒*有金属的、陶瓷的和金刚石的。金属磨刀棒比陶瓷磨刀棒更软，陶瓷磨刀棒比金刚石磨刀棒更软，这三种磨刀棒都适合平常用来打磨较小的刀刃。

*开刃棒*与磨刀棒没什么关系，它主要是通过在刀刃上选择一个合适的高度开始打薄刀刃的厚度，以获得锋利的刀刃。相较磨刀棒而言，开刃棒的使用频率比较低。

为什么说磨刀石比较特别？

磨刀石能够以一个很小的闭合角度（小于15度）来打磨刀片。我们一般使用粗颗粒的磨刀石开始打磨刀具，大概是300目～1000目，最后用3000目～6000目的磨刀石抛光（译者注：数值越小颗粒越大，数值越大颗粒越小），这样就能打磨出堪比剃刀效果的刀了。用磨刀石磨刀时，动作需要非常的精准，刀片与磨刀石的角度必须一直保持在15度。大厨们都不会让别人打磨他们自己的日本刀，这些刀就像他们的情人一样。

为什么说磨刀棒的形状非常重要?

圆形的磨刀棒与刀刃的接触面小。在磨刀的过程中,刀刃与磨刀棒之间的夹角可能发生变化,打磨的质量会比较差。

椭圆形的磨刀棒与刀刃的接触面比较大。接触面越大,就越容易保持整根磨刀棒从上到下的夹角不变,并打磨出锋利的刀刃。

扁平的磨刀棒与刀刃的接触面是最大的,也是最容易保持磨刀角度不变的,是最好用的磨刀棒。

为什么说磨刀棒与开刃棒是相辅相成的?

磨刀时,我们会逐渐增加刀锋的角度,增加的角度越大,切口就越小。一段时间后,我们必须微调刀刃的厚度,以便能够在刀刃上找到一个合适的角度,使刀锋保持足够锋利。开刃棒则是用来打薄刀身的厚度的。

刚买的刀刃非常锋利

用得越多,刀锋越钝

我们磨得越多,
刀锋打开的角度就越大

因此必须适当打薄刀刃的厚度,
以找到刀锋合适的闭合角度,
才能正常地切菜,
而这就需要用到开刃棒了

正确的方法
为什么用磨刀棒磨刀的方法有所不同?

用磨刀棒磨刀有两种方法:

1. 用手握住磨刀棒;

2. 将磨刀棒顶部抵在操作台上。

由于磨刀所需要做的动作是相同的,所以这两种方法其实没什么区别,选择任意一种您觉得合适的方法就行。在这两种情况下,我们都需要将刀刃与磨刀棒的夹角保持在20度。对刀刃轻轻地施加压力,将刀刃以半圆形的运动方式在磨刀棒上滑动。然后,我们将刀刃放到磨刀棒的另一面,重复前面的动作。重复这个动作十几次,刀便磨好了。

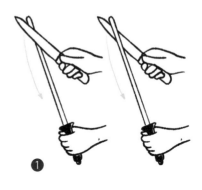

❶

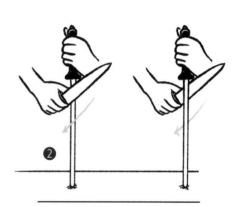

❷

炊具

炊具不是用来演奏音乐的，
但是锅碗瓢盆和乐器有异曲同工之妙：劣质的锅是做不出好汤的！

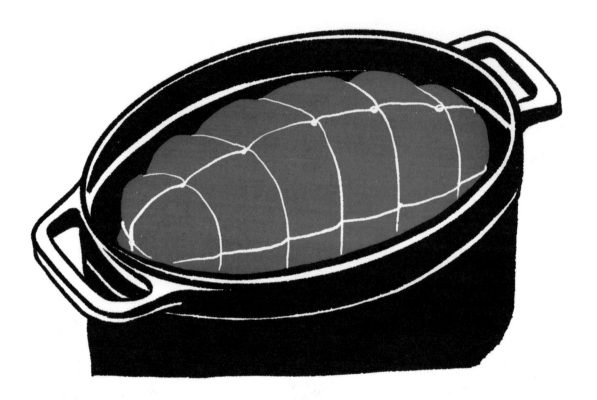

为什么一定要认真选择平底锅和煎锅等炊具的尺寸？

当您加热平底锅或是煎锅等炊具时，火焰的热量会传递到锅底，同时放入锅中的食物会使锅底冷却。如果锅底没有完全被食物覆盖的话，那么留下的空隙将不会被冷却，它会比其他部分升温更快，那么锅底的这部分就很容易将后来放入的食物烧焦。因此，必须要选择适合烹饪食物数量的炊具才能做到均匀地加热食物。

锅具的形状也很重要

通常要选择与您想要烹饪的食物形状相匹配的炊具：圆形的锅比较适合用来炒蔬菜，但是不适合用来烧鸡或是烤肉。相较而言，炖锅或椭圆形的锅和烧鸡或烤肉的形状更搭配；另外，尽可能选择尺寸与烹饪的食物大小相近的锅，这样您烹饪的菜肴才能够受热均匀。

锅具的选择还要注意其厚度

平底锅或煎锅越厚，热量在接触到食物之前，在金属锅底中扩散的范围就越大，锅底受热也就越均匀。这一点很重要，因为食物可以在锅中慢慢地加热，而不需要一直不停地翻炒。厚底锅的缺点就是，锅底越厚，对温度变化的反应就越慢。因此，在烹饪的过程中必须知道如何预判这些变化。

为什么锅的材质也会影响烹饪结果？

不同的材质，导热方式也不一样：铁和不锈钢只能通过受热的部位传导热量，而铸铁则可以吸收热量，然后再将热量重新分配到锅的整个内壁乃至边缘。

铁和不锈钢只会将热量传递到接收热量的地方，也就是说，即使火很小，铁和不锈钢也会以一种相当猛烈的方式从下至上传递热量。这两种材质的锅适合猛烈快速的烹饪方式，例如适合用来煎牛排，可以让牛排迅速析出肉汁。

不粘锅的涂层很难传导热量，只能让肉类析出很少的肉汁，因此适合小火慢炖，可以用来烹饪鱼类、蔬菜或者煎蛋，但绝对不能用来烹制肉类。

铸铁锅的铸铁会慢慢地导热，并且从下方受热的地方传导热量。但铸铁锅还可以利用它的厚度收集热量，然后再将热量扩散到整个锅，因此它也会将热量传导到锅的侧面。它提供了一种更慢、更温和的烹饪方式，非常适合用来炖肉、烹饪细嫩的鱼肉以及蔬菜，并且会让肉类慢慢地出汁。

为什么使用平底锅、煎锅等锅具烹饪时，火力的大小尤为重要？

即使您使用的锅导热效果绝佳，锅底也很厚，可以将热量收集起来再重新分配，但是如果加热的温度不合适，一样做不出好菜。试试看用直径5厘米的火来加热直径30厘米的平底锅！火的大小与锅的尺寸越接近，传导到锅底表面的热量就越均等，那么烹饪的食物受热也就越均匀。

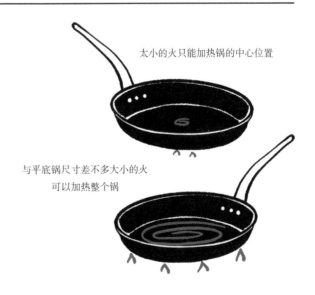

太小的火只能加热锅的中心位置

与平底锅尺寸差不多大小的火可以加热整个锅

各类炊具

关于不粘涂层的两个问题

❶ 为什么不粘锅可以防止食物粘底？

　　这类平底锅上刷了一层涂料，可以防止食物粘底，同时也可以帮助食物析出美味的汤汁。但您必须知道这层涂层是不耐高温的：当温度达到250℃时，特氟龙就会开始降解，当温度达到340℃，它就会开始释放出有毒气体！另外，这层涂层很怕被刮，并且很容易受损。

❷ 为什么不要买带涂层的中式炒锅？

　　发明带不粘涂层的中式炒锅的人就应该被关进精神病院！这人一定病得不轻！中式炒锅的烹饪原理，就是在非常高的温度下快速地烹饪食物。不粘涂层不耐高温，不能承受超过250℃的温度，而中式炒锅的锅底，放在大火上，轻轻松松就能超过700℃！这就是为什么用中式炒锅烹饪食物时，必须将食物切成小块，快速地翻炒，并且需要一直搅拌、翻炒来防止食物烧焦……一只带有不粘涂层的中式炒锅，简直就是异想天开！

为什么平底锅底部的边缘是圆的，而煎锅和炖锅的边却不是圆的？

　　平底锅一般用于炒菜，也就是说在高温下快速地烹饪食物，这样可以使食物里的水分快速蒸发，并且可以使食物获得美味松脆的口感。这种烹饪方式要求食物不停地被翻炒，以防止烧焦，就和我们使用中式炒锅是一个道理。圆形的边缘，可以通过颠锅，使食物由下而上、从前往后、循环反复地运动，并且最后能够落回锅里。为了方便颠锅，平底锅一般装有一个把手，而煎锅和炖锅的底部的边缘呈直角，并且只有两只短小的手柄，让您只能乖乖地用两只手端。

为什么说锅底镀铜的平底锅或煎锅是优质的好锅？

　　铜是一种导热非常好的材料。如果炉火与锅底间有一层铜相隔，那么热量将会被吸收然后重新分散到锅的表面。如果没有这层铜，那么只有接触到炉火的部分才会发热。

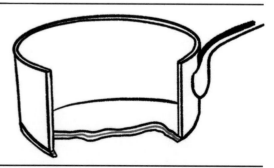

为什么新的钢锅需要"养锅"?

要想拥有一口真正的好锅(不是刷了涂层的不粘锅),大厨们通常有个小妙招:他们要先"养锅",也就是说会在新锅上涂一层薄薄的油膜,让钢锅变成不粘锅的同时,还不影响金属导热的效能。这样的锅是煎牛排、烹饪某些鱼类和蔬菜的最佳选择,同时也能煎出底部是酥脆的蛋白和中间是流心蛋黄的完美太阳蛋。

步骤:

1. 我们要往新的平底锅的锅底抹一层薄薄的油,然后将锅加热到开始冒烟。

2. 将油倒掉并用吸水纸将锅擦拭干净。静置冷却,并在第一次烹饪食物前再重复该操作3~4次。

3. 每次烹饪完,往平底锅里倒点儿水,煮沸1分钟,倒掉汤汁,然后用热水冲洗锅具,不要刮、蹭,最后用吸油纸擦拭干净。

4. 我们再倒入1茶匙的油,然后用吸油纸将油均匀地涂抹在锅内。

您使用的次数越多,平底锅就会被熏得越黑,不粘的效果就会越好。

只需要养一次锅,您的锅将不再容易粘底,并且在十几年内都能让您做出顶级的菜肴。

❶ 涂一层薄薄的油并加热。

❷ 用吸水纸将油均匀地涂抹在锅的整个表面。重复这两个步骤3~4次。

❸ 每次烹饪完,烧些开水,把锅冲洗干净并且将平底锅完全擦干。

❹ 再淋上1茶匙的油,涂抹均匀,然后把平底锅收好。

但是,养好的锅不能泡在水里,也不能放入洗碗机?

养锅就要避免一切损害我们养好的锅的行为。哪怕在使用了数次之后,您的锅已经全部变黑了,您也要悉心呵护您养好的保护膜,这层保护膜就像锅的眼睛一样!另外,锅变得越黑,保护油膜的质量就越好。如果您把它泡在水里,那么锅就很容易生锈,保护油膜还会受损。如果您将它扔进洗碗机,保护油膜也会受损,这样我们就得从零开始了。之前所做的一切养锅的行为就都前功尽弃了,多可惜啊!

烤盘

您也许有大的、小的、玻璃的、陶瓷的、不锈钢的甚至是赤陶的烤盘，

您可能自己都不知道为什么要买这么多烤盘？

不用心虚，我来给您找一些合理的理由。

为什么烤盘的材质会影响烹饪的结果？

用烤箱烹饪食物与用平底锅烹饪不同，烤箱里的热量来自四面八方。而事实上，烤箱里的热气并不能很好地传递给食物：您可以轻松地将手放进100℃的烤箱里几分钟，却无法将手放入开水中1秒，尽管两者的温度是相同的。正是因为烤箱以这样的方式将热量传递给食物，烤盘的材质才会对烹饪的食物产生影响：如果烤盘吸收热量后能够迅速地散热，那么食物在与热气接触后就会熟得很快。不过，灾难的是，食物的一部分熟了，其他部位却没熟。但是如果烤盘可以缓慢地散热的话，那么您所烹饪的食物上下受热则是均匀的。

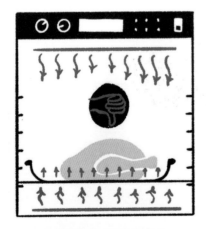

烤盘被烤箱的下火猛烈地加热，
那么烤鸡的下半部分一定比上半部分熟得快，
因为上半部分是通过上火散发的热气来加热的。

关于铸铁锅的两个问题

1 为什么说铸铁锅能够完美地诠释长时间低温烹饪？

所以我再强调一遍：铸铁锅是最适合长时间烹饪的炊具，包括将它放在烤箱里烹饪。铸铁锅能够吸收热量，然后将热量发散到锅的整个表面：除了底部，还会扩散到四周，如果是炖锅的话，还能扩散到锅盖上。

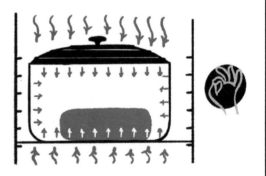

2 铸铁锅可以烤大块的肉或整只鸡吗？

我们刚刚提到了，铸铁锅能够将热量重新扩散到烤盘的整个表面。如果您将一捆烧烤用肉或是一整只鸡放在铸铁炖锅里然后再放进烤箱，那么铸铁锅的侧面就会散发出不同于烤箱内空气温度的热量，那么烤肉的底部和四周受热将更加均匀。将比较高的铸铁锅放进烤箱里，使它的上半部分能够在较高的"空气温度"下烹饪，这样就能做出受热均匀的美味佳肴。

为什么在烹制某些食物的时候我们只能使用铁烤盘、钢烤盘、铝烤盘或是不锈钢烤盘？

因为这些材料能够吸收热量并且迅速地传导热量，这样加热食物的速度比通过烤箱的空气直接加热要快。而这类材质的烤盘真正的优势在于，它们可以迅速地给食物上色并且能够锁住汤汁。这类烤盘适用于高温快速地烹制较薄厚度的食材（如鱼肉、某些肉类、切片的蔬菜等），但不能用来烤大块的、需要在高温下烹饪很长时间的食材（如整捆烤肉、整鸡等），因为底部会烤焦而上面的部分可能完全没熟。

铁烤盘或不锈钢烤盘可以迅速地传递热量

赤陶锅又适用于哪种菜肴呢？

赤陶锅的操作原理是烹饪前将赤陶锅放进水里浸泡十分钟。赤陶会吸收一些水分，经过烤箱的加热后这些水分会转化成水蒸气。食物在"湿润的环境"中烹制可以加快烹饪的速度，防止食物烤得过干。缺点是由于环境潮湿，食物不容易或者根本不会上色。这种烤盘适合烹制鲜嫩多汁的鸡（但是没有脆皮或者很少有脆皮）、烤猪肉或者小牛肉，或是整条烤鱼，总之，适合烹饪肉质细腻且容易烤干的菜肴。

陶瓷烤盘和玻璃烤盘

与金属烤盘相反，这两种材质的炊具可以很好地吸收热量然后再缓缓地释放热量，它可以温和地、均匀地加热食物并做出高品质的菜肴。它唯一的缺点就是不像金属烤盘那样可以很好地锁住食物的汤汁。

陶瓷烤盘和玻璃烤盘
可以缓缓地传递热量

赤陶锅可以让食物的烹制
在湿润的环境中进行

为什么要在某些烤盘中放置网格呢？

这种网格可以避免食物直接接触烤盘。热气可以在食物下方和上方循环。这种烹制方法加热更均匀。

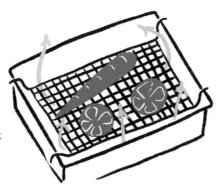

烤盘底部的网格能够
让热气在食物的下方循环

为什么烤盘不能使用不粘涂层？

在前面介绍炊具时我们已经说过，不粘涂层降解后有害健康，当温度高于250℃时就会产生致癌物质。所以千万别在烤箱里使用有不粘涂层的烤盘。把它们放在电磁炉上煎鱼或煎蛋，那是相当的好用！

盐

毫无疑问，盐是厨房里最不受重视的一味调料。对于盐，人们有太多的偏见，
这些偏见都是与生俱来的，每个人对于盐的用法都有一定的认识（通常是错误的），
哪怕是顶级厨师们对于盐的认知也有分歧。

为什么说盐和我们了解的不一样？

我们认为只要精确地、科学地量取，在食物中加盐，除了正常的咸味，不会带来任何其他影响。

各个国家的研究人员从食物的分子结构角度分析了盐对食物产生的影响，以及盐渗透到纤维中的速度。

不测不知道，一测吓一跳，结果令人难以置信。

注意了，下面我们将要向您介绍关于盐的知识，以下将会颠覆您对盐的一切认知！

关于盐的四个实验

这四个小实验，非常简单，耗时不超过10分钟。千万不要觉得这很傻，这几个实验将帮您了解盐是怎样影响食物的味道的，并且让您了解关于食用盐的所有信息。但坦率地说，您真的有必要做这几个实验，做完这些实验您将再也不会像往常那样撒盐了。

实验1

将适量的盐倒入半杯水中，
观察其溶解速度。

实验结果

除了分子结构不同的劣质细盐，盐的颗粒在水中都很快被浸湿，但是彻底溶化则需要6～30分钟不等。溶化时间的长短取决于盐的品质（加碘细盐、盐之花、海盐等）。这一点非常重要，因为人们通常认为盐在与食物接触后的瞬间就会溶化，然后渗透到食物里。但是如果盐在水中溶化的速度都很慢，那么可以想象在食物中溶化的速度以及渗透到食物中的速度会是怎样的呢？这需要很长的时间，比烹饪的时间还要长。

实验2

在半杯油中放入适量的盐，观察其溶解速度。

实验结果

好了，您可以等上几个世纪了，因为盐在油里是不会溶解的，这一点也是很重要的，也就是说，如果我们往食物上撒盐，同时我们用食用油或者黄油烹调食物的话，这些油脂会覆盖在部分盐粒上，从而延缓甚至阻碍盐的溶解。

实验3

用拇指和食指捏住一小撮盐，然后把手指张开。

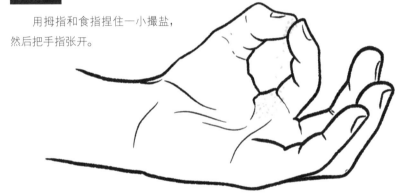

实验结果

盐掉下来了。我知道，这是符合逻辑的。但是，有人想过没有，这就表明盐是有一定重量的，在您往食物上撒盐的时候，大部分盐粒会掉在餐盘里。您撒到菜里的盐粒并不能全挂在食物上。

实验4

往盘子里撒几粒盐，然后对着盘子吹气。

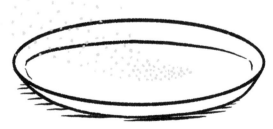

实验结果

盐会被吹散。同样，这也是符合逻辑的。当我们将食物煎至上色时，食物表面的水分会爆破，变成水蒸气。正是这个爆破的过程会产生吹气一样的效果，将食物中的一些脂肪微粒从盘子里喷出来，并形成飞溅。这样您还指望盐粒能够紧紧地挂在食物上而不被喷出去？

结论

用盐腌渍食物的时间比煎牛排或煎鱼肉用的时间更长。如果您烹饪时加了油，那么盐基本上不会溶解并将继续保持颗粒状。当您在烹饪过程中翻炒的时候，盐会从食物上掉下来。当食物被加热时，盐会被食物表面产生的水蒸气喷开。

盐的知识

为什么我们其实并没有真正地了解盐，却对关于盐的认知深信不疑呢？

我们对于盐的相关知识深信不疑，
但是某些所谓的"真相"实际上却是假得不能更假的谣言。
来一个辟谣小集锦吧！

为什么说这并不准确？

"煮大块的肉时，
必须加大量的盐！"

人们通常会认为，盐会迅速地溶解并渗透到肉里，所以需要放很多盐，因为煮的是大块的肉。

错，事实完全不是这样的。我们刚刚已经看到了，盐在水中溶解的速度是很慢的（至少5分钟以上）。而撒在肉上的盐，可能过了20分钟都不会完全溶解。然后，它们还得渗透进肉里，不是吗？炖煮的时间不够长的话，盐可能只能渗透进肉里1毫米。回到我们的论题，这真是糟糕的选择。

为什么说这是假的？

"烹饪时不能先放盐，
否则食物无法锁住汤汁，
并且会变得很干！"

会有这种想法，主要是因为盐能在几分钟内让肉排出水分。

但当我们看到盐要完全溶解需要很长时间的时候，您还认为盐会吸取肉里的汤汁吗？另外，肉在烹饪的过程中，表面是被擦干的，这样盐就更难溶解了，因为肉上几乎没有水。所以，忘了这个愚蠢的说法吧。

为什么说这种做法很荒谬？

"要在刚开始烹饪的时候
往肉或者鱼上撒盐，
这样盐才能够被加热后
形成的酥脆外壳所包裹！"

会有这种想法是因为食物经高温加热后表面会收缩而形成一层酥脆的外壳，将食物及调味料都包裹起来。

呵呵！您说的是溅得到处都是的油吗？由于食物的表面有水，当水分接触到滚烫的锅底时会发生爆破，转化成水蒸气，从而发生飞溅。这种爆破会导致周围的小油滴喷出来，同时也会冲走大部分附着在食物上的盐。您不会认为在这种情况下，盐粒还能继续挂在食物上吧？最多会有一部分盐粒凝结在食物渗出的汤汁中。但是，在任何情况下，盐都不会被"包裹在酥脆的外壳里"。又少了一个谣言！

"千万不要在烹饪前给肉加盐，否则肉将会浸泡在沸腾肉汁里！"

为什么说这个说法很假？

会有这种想法是因为盐会让肉出汁，而烹饪过程中析出的肉汁会留在锅里。

烹饪的时候，盐根本都来不及溶化，更来不及吸附肉汁，所以肉根本不可能浸泡在沸腾的肉汁里。如果烹饪的过程中肉析出了很多肉汁，那一定是有别的原因。回到我们的论题，这又是一个谣言。

"一定要往禽类的内腔抹盐，这样咸味才能渗透到肉里！"

为什么说这个做法很愚蠢？

有这种想法的人会认为在家禽的内腔里抹盐可以让盐渗透到肉里。

您是否看过家禽的内腔？空腔周围分布着一根根肋骨。您指望抹上去的盐在烹饪的过程中能够穿过肋骨渗透到肉里？此外，盐容易残留在空腔的下方，也就是禽类的背部，那里的骨头更多。您是希望盐能够在溶化前插上小翅膀飞到家禽身体里的所有部位吧？您的想象力真是太丰富了。来吧！忘了这条！

"不要往炖菜的水里加盐，也不要往炖鱼汤的水里加盐，否则鱼肉会失去原有的风味！"

为什么这个说法不对？

会有这种想法，是因为盐会让肉类或者鱼类出汁。

实际上，恰恰相反。水的密度越高（盐会增加水的密度），汤汁就越不容易变得浓稠，肉类或者鱼类析出的汤汁就越少。所以，赶紧摒弃这个想法吧！

"必须要加盐才能提升食材的风味，盐是一种增味剂！"

为什么这种说法也是错的？

有这种想法的人会认为加了盐，食物会呈现出更多的味道。

盐，并不是人们常说的增味剂，而是一种可以改变味道的调料。它可以降低某些食物的苦味和酸味。盐可以增加唾液的分泌，而随着口中的唾液增多，味蕾的感知能力会发生改变，一部分味觉会被唾液所掩盖，相反的，另一部分味觉可能会增强。来吧，又少了一个谣言！

以上这些说法全都是错误的。全部！然而我们总能听到有人这么说。基本的想法也许并不荒谬，但至少有一个因素没有被考虑到，然后，砰的一声，最初的想法无法成立，碎了一地。

盐的知识

为什么说提前用盐腌制过的肉会更加鲜嫩多汁？

当然，盐会赋予食物咸味，但它还有一个很重要的作用：盐可以减少食物在烹饪的过程中水分的流失，因此可以保持肉质的鲜嫩。让我们来演示一下！

是的，提前用盐腌制肉类会让肉出汁，但其实析出的水分非常少！

这是事实，但是最后流失的水分很少，比人们想象中要少得多。您可以试试看，往牛排上撒少许盐，30分钟后看看牛排会不会在肉汁里"游泳"。答案是否定的。所以在腌制的过程中，肉流失的水分是很少的。

接下来这一步非常重要，它能让牛排重新吸收析出的肉汁。将腌制好的牛排用保鲜膜包裹并静置24小时，您会发现盘子里的肉汁不见了。当我们提前腌制肉类时，流失的水分很少，静置后它还能将流失的汁水吸回去，使其恢复到原来的重量，相差不过1%～2%。

盐渍

大厨一般都会提前24小时往搅拌好的意大利饺子的肉馅中放盐。我们称之为"盐渍"，这并不是人们最近才发现的窍门。确切地说，自中世纪起人们就开始这么做了。您认为这仅仅是为了给肉馅加盐吗？好！那么为什么要提前一天放盐呢？烹饪的时候再放盐也来得及啊，效果也是一样的。当然不是，提前一天放盐，会改变一切，因为肉馅经过24小时的腌渍，在烹饪时会变得更加多汁。

不，在盐水中浸泡20分钟后，鱼肉的水分并不会流失！

盐水（水和盐的混合物）的作用原理是，将食物浸泡在盐水中，盐可以渗透到食物里，同时抽出并吸取食物中的水分。但是，浸泡20分钟，盐水仅仅来得及渗透，却并不能吸出水分。

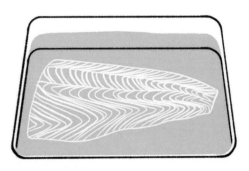

盐水

过去，一些顶级厨师会在烹饪前将切好的鱼肉放入海水中浸泡，因为这样做出来的鱼肉会更加鲜嫩、透明。现在，做鱼的专家会提前20分钟将鱼肉浸泡在盐水里，结果绝对意想不到：做出来的鱼肉更加鲜嫩、多汁，色泽更加明亮，总之，按这个步骤准备准没错！

在烹饪的过程中，鱼类和肉类的蛋白质会蜷曲并收缩。肉类在收缩时会排出一些水分，也就是说会出汁，鱼肉也是一样。就像把湿的抹布拧干一样。

就像拧干一块抹布可以排出其中所含的水分一样，
蛋白质在煮熟时会蜷曲，从而析出汤汁

水分的流失非常重要：肉类的重量能减少20%（炖肉时减少的重量能够高达40%），鱼肉的重量减少25%。

盐还有一个鲜为人知的重要特点：**它可以改变蛋白质的结构。**一旦结构发生了改变，那么蛋白质就会变得不容易蜷曲，也就不容易出汁了。

另外，需要注意，还有一个意想不到的"酷炫"效果：由于蛋白质在烹饪过程的收缩减少了，肉和鱼肉就不容易变硬，并且能够保持软嫩。

对鱼肉而言，第三个好处就是，蛋白质变性和凝固后会在盘子底部形成一些白色的泡沫，而盐阻止了蛋白质的变性和凝固。正因为如此，鱼肉可以保持半透明状，并呈现出美丽的珍珠色。这很疯狂，不是吗？

结论：这样煮熟的鱼和肉会更加的多汁并且软嫩。

腌制烤肉

想象一下，您从最喜欢的肉店老板那里买了1千克烧烤用牛肉。煮熟后一称，只剩大概800～850克左右了，这仅仅是因为牛肉中的水分流失了。但是，如果您提前1～2天用盐将用于烧烤的肉腌制起来的话，煮熟后一般重量能保持在900～950克。损失的重量减少了一半，腌制过的肉里多保留了100克肉汁，而且肉质还会变得更加细嫩。

那么，为什么没人告诉我们要先放盐呢？

首先，很多人并不知道盐真正的作用，而很多大厨虽然知道盐的秘密，但他们不会轻易告诉别人。另外，人们总是会对多年来从电视上或杂志上看到的信息深信不疑，就像很久以前，在科学家证明地球是圆的之前，人们一直坚信地球是平的一样。

盐的知识

为什么盐要过很长时间才能渗透到肉里？

当盐在肉上溶解时，它们还需要穿透纤维，而这个过程需要很长的时间，因为肉里包含的水分被锁在细胞里，而细胞本身都被困在一束一束的纤维里，穿过一束一束的纤维，还有一束一束的纤维。盐要想进入肉里的水分中，需要花很长的时间，比人们想象的时间要长得多。

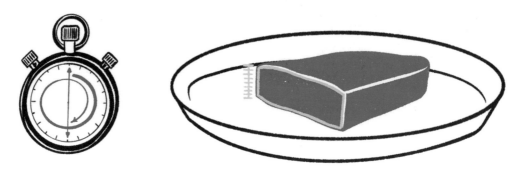

盐渗透进鱼肉里的时间要短得多？

鱼肉纤维组织里的细胞排列与肉类的不同。鱼肉包含的胶原蛋白很少，并且结构更精细，所以盐穿透鱼肉纤维的速度比穿透肉类的要快很多。

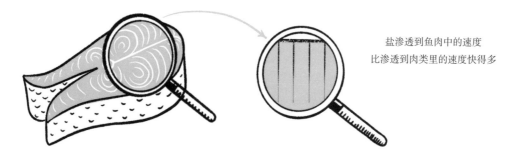

盐渗透到鱼肉中的速度
比渗透到肉类里的速度快得多

为什么蔬菜不用提前腌制？

蔬菜中的蛋白质很少，所以盐的锁水效果对蔬菜而言几乎可以忽略不计。另外，蔬菜的表皮是一层强有力的保护层，能够防止各种入侵。当蔬菜被去皮并切成小块后，盐只能从蔬菜中吸取水分，因此我们通常会用腌渍的方法给黄瓜或者茄子脱水。

但为什么盐对鸡蛋生效那么快？

鸡蛋的内部是液体结构，其包含了大量的水，因此盐溶解和渗透的速度比在肉类和鱼类里要快得多。在炒鸡蛋和煎蛋卷时，只要提前15分钟放盐就能让做出来的鸡蛋更加多汁。

为了使盐渗入1毫米，是的，仅仅是小小的1毫米，我们必须这么做：

肉类

猪排、羊排或羊上脑、鸡大腿或去皮的鸡胸肉，需要腌制30分钟。

牛排或牛肋骨、牛上脑、菲力牛排、小牛肋排、一片牛腿排，需要腌制1小时。

一捆烧烤用小牛肉、一条或者一捆烧烤用牛肉或者猪肉、牛后腹或者羊腿需要腌制1小时30分钟。

盐渗进带皮的家禽或者火腿，以及肉类的脂肪，则需要好多天。

鱼类

鱼柳，需要腌制5分钟左右。

带皮的鱼，需要腌制好多天。

那么，到底什么时候放盐？

肉类

必须提前一天用盐腌制，这样盐才有足够的时间渗透到肉里，并作用于蛋白质，从而做出更加鲜嫩多汁的肉。烹饪后要加入与腌制时等量的盐，不能多也不能少。

鱼类

白色的鱼柳，在放入用60克盐和1升的水调制成的盐水里浸泡20分钟，效果是最理想的。

盐的知识

为什么有海盐和非海盐之分?

两者都来自海水,但是海盐来自盐田,我们将海水引进盐田,然后将海水蒸发再获得海盐。而所谓的非海盐,也就是岩盐,来自数百万年前由于蒸发的海洋而形成的巨大板块或是巨型岩石。所有其他种类的盐都源于这两种盐。

盐田

为什么盐的颗粒大小不同,形状各异?

盐结晶的形状和大小取决于研磨的工艺。研磨的工序越多,颗粒就越细。某些盐,如从盐田的上层收集来的盐之花和从盐田底部收集来的粗盐,为了保持晶体原有的特别形状,一般不会进行研磨。

粗盐

盐之花

细盐

不同种类的盐,颜色也差别很大

除了盐之花是天然的白色,海盐通常都是有点发灰的。盐越细,就越白。

另外大自然也会给盐染上色彩:夏威夷黑盐是被来自火山岩里的黑色沙子染上颜色的,而夏威夷红盐则是被晒干的黏土染上了颜色。

还有一些浅褐色的盐是被烟熏而染色的,如霞多丽(Chardonnay)烟熏盐和哈伦·芒(Halen Môn)烟熏盐等。

许多岩盐,如喜马拉雅玫瑰盐和波斯蓝盐的颜色则取决于它们所含的矿物质:喜马拉雅盐中富含铁元素,蓝盐中则富含钾元素。

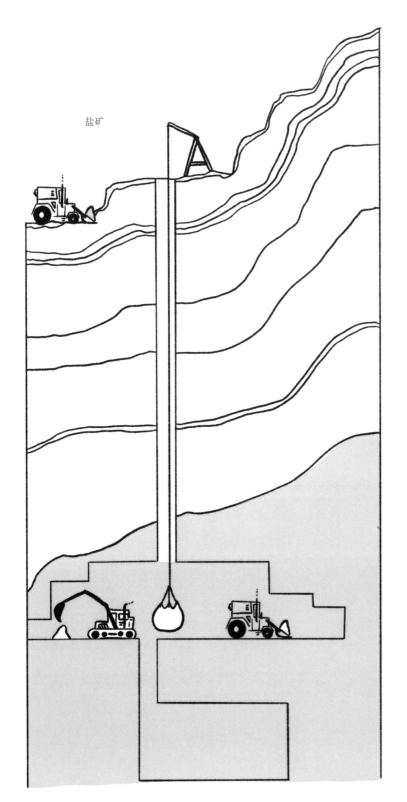

盐矿

不同种类的盐的品质和味道也不一样

海盐

  盐之花是最高级的盐。它是由漂浮在盐田表面的小盐粒组成的。盐之花是一种非常细的盐，咬起来会发出脆脆的声响。为了保持它的特殊性，一般都是上菜时直接撒在菜品上的。

  灰色粗盐是天然海盐中的佼佼者。它并没有经过精细地研磨，含有大量的微量元素，口感丰富。灰盐湿润而温和，非常适合搭配蔬菜。

  白色粗盐其实是经过精细研磨的灰色粗盐。它干燥且味道清淡，对味蕾的刺激较小。但它是咸的。

  浅灰色细海盐是研磨过的灰色粗盐，具有与灰色粗盐相同的特点。

  精盐或精食盐是研磨过的白色粗盐，人们常常会往里面添加碘或抗结块剂。这种盐就是最普通的盐，另外，这种盐比其他盐更难溶解，最适合用来煮意大利面和蔬菜。

  马尔登盐（Le sel de Maldon）源自英国，外形特别，呈轻薄的脆片，也很难溶解。这种盐是很多大厨的最爱，一般在上菜时直接撒在菜品上。

  哈伦·芒盐（Le sel Halen Môn），同样源自英国，这种盐会微微地发光。

岩盐

  喜马拉雅玫瑰盐口感清脆且带有微微的酸味。

  波斯蓝盐具有相当浓烈的辛辣味。

胡椒

和盐一样，人们对胡椒的使用也有诸多误解。
需要提前放胡椒粉，还是在烹饪的过程中放，或是最后撒上胡椒粉？
在整个问题上很多人的观点分歧很大，且不接受争论，
每个人都有自己的执念，就像每个人都有自己的政治信念一样。

为什么胡椒会令人产生各种疑惑？

如果我们从科学的角度去考虑的话，我们可以得到很多有趣的信息。但真正需要了解的问题是胡椒粉到底能不能渗透到食物里，还是仅仅会停留在食物表面？在高温的烹煮下或者浸泡于液体中时，胡椒粉会发生怎样变化？从现在开始，做好准备改掉您的某些习惯吧！

关于胡椒的三个实验

和盐一样，这里有三个快速简单的实验可以帮您了解胡椒的工作原理。相信我，看完这三个实验，您将再也不会像以前那样使用这种香料了！

实验1

将一小撮胡椒粉（无论是您自己研磨的还是从商店里购买的现成的胡椒粉）放在平底锅中，用中火加热5分钟。观察发生了什么？然后尝一下味道。

实验结果

在加热的过程中，锅里开始冒烟，可以闻到一股烧焦的味道，相当刺激，辣嗓子、刺鼻、还辣眼睛，让您不停地打喷嚏。正如我5岁的儿子所说："爸爸，您弄的这玩意儿实在是太太太恶心了！"重要的是您必须意识到，胡椒烧焦后的反应与您在烹饪前往食物中添加胡椒的反应是一样的。等胡椒被放凉后，尝一下您锅底的残留物。您会感受到一股浓浓的焦煳味，您愿意这种刺激的味道停留在您舌尖上吗？嗯，这就是胡椒粉给您的菜肴带来的味道。

实验2

取2片超薄的生牛肉片（或者将1片超薄的白火腿切成两半也可以）。将它们重叠在一起，在肉片上撒一层胡椒粉，放进冰箱冷藏1小时。尝一尝下面那片肉。辣吗？然后再尝尝上面那片肉。辣吗？两片肉的胡椒味一样浓吗？

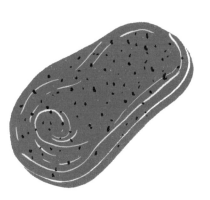  

实验结果

呃，不，胡椒粉并没有穿透不到四分之一毫米的厚度而到达下一层。胡椒的味道仅仅停留在表面，并没有渗透进肉里。经过1小时的腌制，胡椒也不会渗透进鱼肉或者蔬菜里。然而，1小时，已经比大部分食谱中所写的总的烹饪时长还要长了。您可以试着用胡椒粉腌制食物2小时或3小时，您会得到同样的结果。

实验3

将一杯水倒入锅中，加10粒胡椒，盖上锅盖煮沸约20分钟，放凉，再尝尝味道。

实验结果

仅仅闻一下味道，就已经觉得很奇怪了。再尝一下，嗯，实在不怎样。现在您知道了吧，胡椒可以渗透到液体中，并产生辛辣刺激的苦味。

结论

胡椒加热后会焦掉，胡椒的味道仅仅会停留在食物的表面，并不会渗透到里面。在液体中加热胡椒会带来辛辣刺激的苦味。

胡椒的知识

为什么胡椒不能渗透进食物里?

　　食物主要是由水组成,肉类和鱼类的水分可以高达80%,此外,一些蔬菜的含水量甚至更高。胡椒与盐不同,盐可以溶解在食物所包含的水中,并且可以随着这些水分转移到食物内部,而胡椒是不溶于水的。正是因为胡椒不会溶解,胡椒的味道自然也不会渗透到食物里。胡椒的味道仅仅会"停留"在食物表面。

盐会在水中溶解,而胡椒不会在水中溶解

好吧,那么为什么用胡椒腌制过的厚切牛排会有胡椒味呢?

　　您购买的用黑椒汁或者红葱汁腌制的厚切牛排,是通过专门设计的注射器将腌渍汁从肉的不同部位(不同深度)注射进去的。这就是为什么腌制过的肉的胡椒味分布均匀,并不是因为我们在上面撒了胡椒粉。用注射器将腌渍汁注入肉里是腌制肉类的最佳方法。

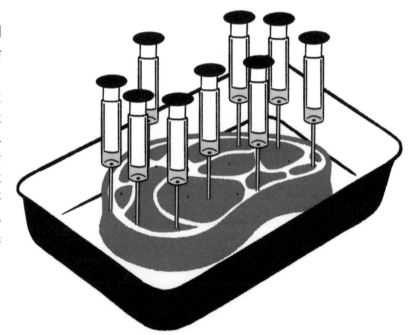

注意啦!科学问题!

为什么说在烹饪前或烹饪的过程中撒胡椒很傻?

　　科学研究表明,为胡椒带来香味的成分在温度到达180℃后的几分钟内会消失殆尽,而当温度在120℃左右时该成分会流失50%。胡椒碱是一种能够带来能量和刺激性的活性化合物,它同样会在几分钟内完全分解。在任何情况下,当烹饪的温度超过50℃时,胡椒的大部分成分就会流失,同时会产生辛辣刺激的苦味。这不是我发明的观点,而是对于烹饪没有任何成见和习惯的科学家证明的事实。事实就是这样,我也无话可说。简单地说,除非胡椒的性质发生彻底的改变,否则是不能加热的。

为什么有人说在烹饪时把胡椒烘烤一下的做法是错误的？

首先，烘烤需要非常精确的温度和一定的烘烤时间，以避免产生苦味，就像烘烤咖啡豆一样。然而，正如我们刚刚看到的，胡椒根本不能忍受高温。因此胡椒不能烘烤，它会焦掉，仅此而已！

为什么胡椒不能放进高汤或者炖菜里？

胡椒不能煮，也不能在热水或者高汤中放置很长时间。这一点我们在前面的小实验里已经证实。

在中世纪，人们将胡椒粒放进煮沸的料理中作为防腐剂使用。它降低了各种肉类传播疾病的概率。

但是，往炖菜或者炖肉里加入胡椒一起煮，还是行不通的。总而言之，无论如何，胡椒的味道都是无法渗透进肉里的。

为什么不能用整粒的胡椒来调制腌渍汁？

胡椒的味道源于胡椒颗粒的中心。如果您将整颗胡椒粒放入腌料中的话，食物只能吸取其表面的辛辣味。

但是，当您将胡椒压碎后，您就可以体验到胡椒中包含的所有香味。因此，必须将胡椒颗粒粗暴地碾碎，才能加入腌料中。但是，请记住，胡椒只会把味道传递给与其接触的食物，它的味道是不会在食物中扩散的。

将胡椒颗粒用刀身压碎再加入腌料中

胡椒的知识

聚焦

为什么精细研磨会影响胡椒的味道？

　　胡椒的辣味位于胡椒颗粒的表面，而味道和香气则位于中心位置。当胡椒被研磨成精细的粉末后，辣味就会占主导而掩盖了其他味道。但是如果简单地用石臼捣碎或者粗暴地将其压碎的话，我们就可以保留胡椒所有的味道和香气。

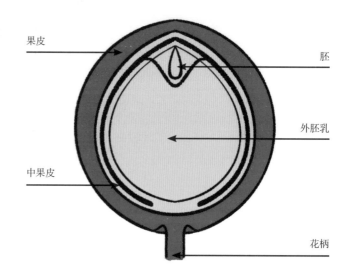

果皮

胚

外胚乳

中果皮

花柄

为什么说胡椒颗粒的大小是决定胡椒质量优劣的重要指标？

　　颗粒越大，包含的味道和香气就越多。颗粒越小，质量越差。胡椒颗粒的大小是判断胡椒质量的重要指标。您可能会发现，超市里买来的胡椒通常颗粒都很小。

为什么不要买胡椒粉？

　　胡椒粉是用所有卖不出去的胡椒粒制作的：干燥和残留的各种劣质颗粒、颗粒的碎片和粉末都被磨得粉碎，我们甚至不知道里面还有什么，这就是重点。胡椒粉很辣，容易引起咳嗽，它就是装满胡椒下脚料的垃圾桶，里面附带着各种不明添加物。

另外，为什么胡椒粉会让人打喷嚏？

另外，为什么胡椒粉会让人打喷嚏？

　　让人打喷嚏的不是胡椒粉本身，而是胡椒在筛选时没有去除的那些小粉尘，直接进入了我们的鼻孔。会让人打喷嚏的胡椒都是劣质的胡椒。

胡椒的颜色和味道

为什么胡椒会有不同的颜色？

　　胡椒颗粒的颜色取决于它们的成熟度和加工方式。当颗粒的大小已经定型但尚未成熟时，它是绿色的，即绿胡椒。然后，胡椒成熟了，外皮开始变黑，我们就得到了黑胡椒。如果让它继续生长，就会变成橘色。然后令其在雨水中浸泡约10天左右，去除包裹着胡椒颗粒的红色外皮，再放置在阳光下晒干。这就是白胡椒。如果我们让它进一步成熟，胡椒颗粒会变成樱桃红色，而这就是红胡椒啦。

| 绿胡椒 | 黑胡椒 | 白胡椒 | 红胡椒 |

为什么不同种类的胡椒味道和香气不尽相同？

　　同样，这主要取决于胡椒颗粒的成熟度。绿胡椒比较新鲜，不是很辣。黑胡椒则很温暖，略带果木的香气，因为黑胡椒的果皮中含有大量的胡椒碱。白胡椒香气浓郁，略带辛辣（已经去除了果皮）。红胡椒则圆润、热辣且刺激。

为什么绿胡椒比较少见？

　　因为绿胡椒比较脆弱，不宜保存。人们通常会用将它浸泡在装有盐水的广口瓶里。但其实绿胡椒冻干后，即在低温下干燥处理后，最能保留其原有的风味。绿胡椒味道清淡，非常适合煮砂锅、烹饪肉酱和红肉。

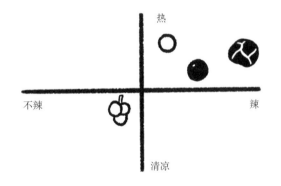

盐水浸泡的绿胡椒

为什么没有灰胡椒？

　　灰胡椒是为了让卖不掉的劣质胡椒流向市场而诞生的工业发明。这种所谓的灰胡椒其实是将黑胡椒粉和白胡椒粉混合而产生的。因此，由于根本没有真正的灰胡椒，所以市场上买到的灰胡椒其实是所有下脚料的混合物……千万不要买灰胡椒！

为什么白胡椒比黑胡椒贵？

　　果实在树上成熟的时间越长，销售的周期也就越长，农民赚钱的速度就越慢。这是第一个原因。第二个原因是白胡椒比黑胡椒要轻：30千克黑胡椒只能产出20～25千克白胡椒。综上所述，白胡椒成熟的时间长，加工工艺更复杂，并且比黑胡椒更轻。

油和其他脂肪

呃，是的，是的，油和脂肪是厨师不可或缺的盟友。
我们经常会看到一些关于油和脂肪的负面新闻，
这时人们很快就忘记了它们给我们的菜肴带来味道、黏合效果和结构的变化。
来吧，让我们把重点放在油的优点上。

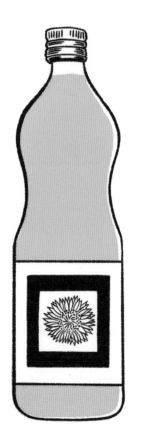

为什么脂肪会有好坏之分？

并不是所有脂肪都有害健康。相反，我们必须摄入一些脂肪来避免某些心血管疾病，在这些所谓的"不饱和"脂肪中包含有omega-3、omega-6或omega-9。这些都是医生强烈推荐的。我们发现在谷物、坚果、牛油果、橄榄油以及某些蔬菜和鱼肉中都含有这类脂肪。

不好的脂肪包括加工食品中的反式脂肪（禁止使用）和饱和脂肪，饱和脂肪通常在室温下以固体的形式存在（如黄油、奶酪等）。这些食物要适量食用，否则会导致胆固醇升高，还会增加患心血管疾病和糖尿病的风险。

为什么有些鱼类也有所谓的"脂肪"？

这并不是真正的脂肪。它们吃的海藻，使它们体内富含大量的omega-3。所谓的"肥鱼"是指蓝色的鱼类（包括沙丁鱼、鲭鱼、鲱鱼和凤尾鱼）或是鲑鱼（包括三文鱼和鳟鱼）。相较而言，养殖的鱼类所含的omega-3比较少，因为它们吃的食物与野生鱼类不同。

为什么我们要在广口瓶里放一层油脂来封存食物呢？

过去，人们都是在秋天将猪肉贮备好，这样整个冬天都能吃到猪肉。最好的保存方法就是将肉隔离在一层油脂下面，防止它与空气接触时被氧化。今天，我们有了冰箱，就不再需要用这种方法来防止食物变质了，但我们仍然保持了这种习惯，因为这层薄薄的油脂可以给我们的口腔带来圆润的口感，还能够防止砂锅被烧干。

各类油和其他脂肪

为什么我们会看到精炼橄榄油、普通橄榄油、初榨橄榄油或者特级初榨橄榄油

橄榄油一般有四种：精炼橄榄油、纯橄榄油（普通橄榄油）、初榨橄榄油和特级初榨橄榄油。

精炼橄榄油是由酸度大于2%的油炼制而成，未经工业提炼是不适合食用的。这是最低端的橄榄油。

普通橄榄油（无等级）是由精炼橄榄油和初榨橄榄油混合而成。

初榨橄榄油是一种没有掺杂其他橄榄油的油，就像制造某些红酒一样。人们将油橄榄微微加热以便于更好地从橄榄中把油提取出来。

特级初榨橄榄油有两种提取方式：冷初榨或是冷提取。这两种提取方式都不需要加热，且出油率都很低，但这种方法得到的是质量最好的初榨橄榄油。冷初榨是利用液压将油橄榄压碎，让油流出来。冷提取是指通过揉捏挤压的方式来提取油橄榄中的油。这是现在最常见的提取方式。初榨橄榄油的酸度为2%，而特级初榨橄榄油的酸度仅为0.8%。当然，我们还可以将橄榄油的酸度降得更低，以获取更加优质的橄榄油。

还有绿果味、成熟果味或黑果味的橄榄油？

如果您购买的是高品质的橄榄油，那么橄榄油的标签上会特别注明"果香"型。绿果是指成熟前几天被采摘下来的油橄榄，这个时候油橄榄的果实正处在由绿变紫的过程中。这个时期的果实草本味很重，有一股生洋蓟的味道，并且微微发苦。绿果味橄榄油是最常见的。成熟果味源自成熟的黑色橄榄，其赋予了橄榄油一股甜甜的味道，几乎没什么苦味，还带有一些淡淡的花香、红色莓果的香气以及杏仁的香气。带有黑果味的橄榄油是古法酿造的橄榄油，是成熟的橄榄经过几天发酵而制成的。这种橄榄油带有热巧克力、蘑菇和松露的味道。

❶ 为什么要保留优质生火腿上的脂肪？

请注意，这里所说的可不是超市角落里那些"廉价"的火腿片里的脂肪！我们这里所说的是那些高级猪肉食品店里卖的生火腿上的脂肪。这些火腿由用心饲养的动物的腿肉制成，在特殊的条件下将其晒干并精制，这种火腿的脂肪具有相当丰富的味道。

千万别把这些脂肪给扔了！跟卖肉的人说，把他们切片前打算去掉的那一大块肥肉也留给您(我也希望您能好好品尝一下剩下的这部分肉)！您可以将这块肥肉放入煎锅或者平底锅加热，用它来代替黄油或植物油使用，因为它非常适合代替普通油来煎鱼或者炒蔬菜、煎蛋以及用来拌蒲公英沙拉等。

❷ 为什么科隆纳塔猪油（LE LARD DE COLONNATA）那么好？

坦白说，这就是猪油中的极品：轻盈的口感（是的，是的，我们可以这么来形容猪油）、辛香的味道、香草的芬芳和几乎纯净的白色。将其简单地涂抹在烤面包、香煎芦笋上，搭配四季豆或者扇贝享用，都非常美味。

但是，到底是什么让这种猪油如此出名呢？在过去，猪到了冬天由于食物匮乏就不得不饿肚子了，于是它们在秋季来临、橡树结满果实的时候就会狼吞虎咽、暴饮暴食，它们的背上会长出一层厚厚的脂肪，而人们在12月或者1月杀猪时就能取下这层脂肪。人们会给这层脂肪抹上盐，将其放在大理石盆中，并加入各种香料（胡椒、肉豆蔻、桂皮、丁香等）以及各种香草（大蒜、迷迭香、鼠尾草等）。然后将大理石盆放在地窖低温熟成至少6个月。

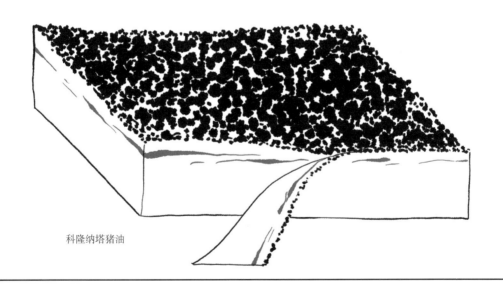

科隆纳塔猪油

专业技巧

为什么要保留烤鸡或者烤肉上的脂肪？

这就是许多大厨最爱的小窍门啦！烹制完烤肉或者烤鸡后，将剩余的汤汁放进冰箱冷藏。冷藏一夜后，汤汁里的脂肪会重新在表面凝结。这层脂肪吸满了汤汁的味道，用它来替代油放进油醋汁（见"油醋汁"）里拌沙拉再好不过了！

各类油和其他脂肪

关于尽量避免使用的油的三个问题

1 为什么烹饪时尽量避免使用葵花子油

这是一种耐高温的油，含有大量的omega-6，但omega-3的含量很少，因此这种油的营养并不均衡。另外，葵花子油经烹饪后很难从食物中排出，烹饪好的菜肴上总会留着一层薄薄的油脂。相较而言，我们更推荐使用菜籽油，菜籽油的营养更均衡并且在烹饪后更容易排出，做出来的食物没那么油腻。

2 另外，也尽量避免使用椰子油吗？

近年来，人们常常听到关于椰子油品质的宣传："用于烹饪堪称完美，富含大量的维生素和矿物质，非常有益健康等。"椰子油简直堪称21世纪的一大发现！然而事实并非如此。这种油含有大量的饱和脂肪，根本不含矿物质，并且只含有少量的维生素。这简直就是错把尿泡当灯笼，大错特错了。椰子油其实就是食品加工行业中用来制作加工食品的廉价油，其实这种油比棕榈油还要差。

3 为什么说棕榈油也很不好？

棕榈油价格便宜，具有良好的耐热性和抗氧化性，用棕榈油炸出来的食物又酥又脆。对食品制造商而言，棕榈油同样具备很多优点。但是，它富含大量有害健康的长链饱和脂肪酸。最重要的是，人们为了种植油棕而导致东南亚地区的森林被大面积地砍伐。因此，我们要尽量避免食用含棕榈油的产品。

为什么鹅油、鸭油、牛油和猪油也能用来做菜？

在比利时，传统的炸薯条都是用牛油来制作的，而在法国西南部，人们则会用鸭油来炸薯条。所有的动物脂肪起烟点都比较高，非常适合烹饪。但最重要的是，这些油脂味道丰富。您不觉得用鹅油或鸭油炸出来的土豆比普通油炸出来的更香吗？

健康小贴士！
为什么厨房里每天都要扔掉很多猪油？

猪油是通过加热猪的脂肪或者是肥肉而获得的。过去，人们会用猪油主要有两个原因：

1. 它比橄榄油和黄油便宜。

2. 它会在35℃～40℃之间融化，因此，猪油可以在阴凉的地方贮存好几个月。

但不幸的是，这种油脂包含大量的饱和脂肪酸，如果大量食用的话，容易导致各种心血管疾病。

1 我们为什么要讨论油的 "起烟点"？

　　当达到起烟点的温度后，油会开始分解并变性，形成有毒化合物并产生糟糕的味道。因此烹饪的温度不能超过起烟点。这是您使用的油所能承受的最高温度，否则您的菜可能就得倒掉了。

几种常见油和脂肪的起烟点

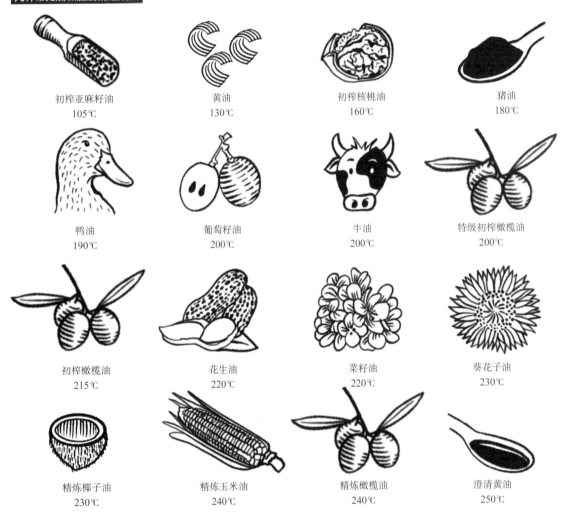

初榨亚麻籽油 105℃	黄油 130℃	初榨核桃油 160℃	猪油 180℃
鸭油 190℃	葡萄籽油 200℃	牛油 200℃	特级初榨橄榄油 200℃
初榨橄榄油 215℃	花生油 220℃	菜籽油 220℃	葵花子油 230℃
精炼椰子油 230℃	精炼玉米油 240℃	精炼橄榄油 240℃	澄清黄油 250℃

2 为什么初榨油的起烟点比精炼油要低？

　　初榨油里含有一些坚果、橄榄之类的小碎片，这些小碎片可以迅速燃烧，改变油的性质，使油冒烟。精炼油已经将这些小碎片过滤掉了，因此它们的起烟点相对比较高。这就是为什么人们一般喜欢用精炼油来烹饪，而初榨油则用来调味。

＊根据油或者脂肪本身的质量，这些温度可能会上下浮动几摄氏度。

各类油和其他脂肪

为什么我们做菜的时候要放油?

人可以轻松地将手放入180℃的烤箱,却不能将手放进同样温度的滚油里。这是为什么呢?因为空气导热性差,而油的导热效果却非常好。这就是为什么我们烹饪食物的时候要放油的主要原因。油可以加速热量的传导,帮助我们做出美味的菜肴。

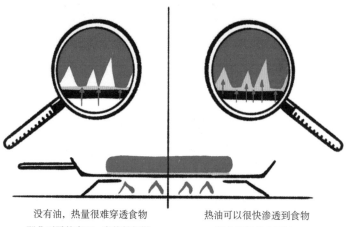

没有油,热量很难穿透食物凹凸不平的表面,肉熟得很慢。

热油可以很快渗透到食物凹凸不平的表面里,这样食物受热更加均匀。

在平底锅、炒锅和炖锅里,一般是从与热源相接触的部分开始烹饪。即使热量会逐渐传递到食物内部,但这种加热方式也是不规则的。这就是我们为什么必须时不时地翻动锅里的食物。当您加入一些油的时候,就增加了食物与热源的接触面积,使得食物受热更加均匀、加热更加迅速和规则。

在烤箱里,油会吸附热量,并且烤箱比空气的导热效果好得多,这样就能加快食物的烹饪速度。

正确的方法

为什么将油倒在食物上比倒在锅里要好?

别忘了,食物主要是由水构成的。您做过对比吗?没有?那么请听我来解释。我们已经反复提到很多次,水加热后的温度一般不会超过100℃,而食物的主要成分是水,所以它们被加热后的温度也不会比100℃高多少,可能也就在110℃~120℃,不会更高了。但如果食物表面包裹了一层油,并与锅底接触,那么油会被食物冷却再被迅速加热,因此油不容易被点燃。如果您将油直接倒进锅里的话,那么油会被直接加热到火的温度,那么很容易就达到了200℃或更高,就很有可能燃烧。

油倒在食物和平底锅之间不会燃烧

油没有被食物覆盖会燃烧

❶ 为什么油炸食品那么好吃?

当您在油炸食物时，随着热量的渗透和扩散，食物表面的水分几乎瞬间蒸发 (我们会在油锅里看到许多小气泡)。同时，食物中所含的糖分会焦化并释放出各种不同的味道。突然，人们会发现食物多了两种既能够取悦孩子也深受成人青睐的口感：干燥酥脆的外皮和软嫩多汁的内心。

❸ 天妇罗尤其美味

天妇罗可谓是油炸食品中的巅峰之作：如空气般轻盈的外壳，又酥又脆。挂了糊的蔬菜或鱼在放入油锅的瞬间变硬，没有多余的油滴下来。要想做出好吃的天妇罗，油的品质是关键。每位日本厨师都有自己的秘方，他们会调配专属自己的油。配方的基本材料通常包括芝麻油和棉花籽油，这两种油都非常黏稠，几乎不会粘在食物上，并且能让炸出来的天妇罗非常轻盈。

❷ 食物裹面糊油炸尤其好吃

裹面油炸的方法略有不同：将包裹了面糊或者天妇罗粉浆的鱼或蔬菜放进锅里油炸时，外面的面糊起到一个隔离的作用。这层面糊的表面在接触到热油的瞬间迅速变干，并锁住食物里面的水分。鱼肉和蔬菜在一个相对湿润的环境下烹饪可以避免变得干硬。

面糊经油炸形成的面衣将虾与外界隔离，而虾是被挥发的水蒸气蒸熟的

❹ 为什么要把刚炸好的食物放在吸油纸上?

这是减少油炸食品表面油多的诀窍。将刚炸好的油炸食品放在两层或三层吸油纸上吸油，再在上面盖一层吸油纸并轻轻地拍打。用这种方法可以吸去80%的油。这比用滤网或者漏勺沥油，效果要好得多！

香脂醋

在饭店的餐桌上和我们的厨房里，香脂醋已经逐渐成为一种常见的调味品。
但是，您品尝过真正的传统意大利香脂醋（Aceto Balsamico Tradizionale）吗？

为什么香脂醋不是醋？

它与"醋"其实没有任何关系。它既不酸也不刺激，
相反它还有一股淡淡的柔和的甜味！所以呢？

意大利香脂醋是一种调味品，但它不是醋，它们之间
其实没有什么共同点。醋一般是由酒和能够产生酸性物质
的细菌制成的。

意大利香脂醋（把它叫作"醋"真的很令我惊讶！）
产自意大利北部的摩德纳地区，是由煮熟的葡萄汁（果汁
＋葡萄皮＋葡萄籽）制成。传统意大利香脂醋的品质差异
很大，它们一般存放在不同材质的木桶中酿造并发酵至
少12年以上（有些传统陈酿香脂醋甚至超过50年甚至100
年！），然后葡萄汁会发酵成浓稠的糖浆般的葡萄酒醋，
味道和口感也随之变得丰富起来。

传统意大利香脂醋的装瓶过程如图所示：
从较小的桶里取出少量的老醋，然后从稍大一
点的桶中取等量的略微新一些的醋，将较小的
桶补满，以此类推，直到最大的一个桶。这个
方法可以将少量"稍微新一些"的醋从一个桶
引入另一个桶里。

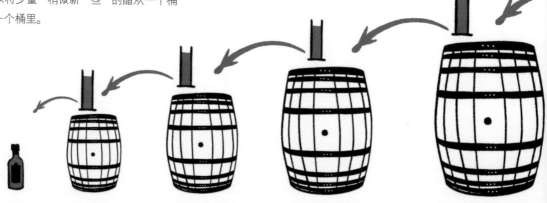

为什么真正的意大利香脂醋如此美味、稀有并且价格昂贵?

传统意大利香脂醋: 真正的意大利香脂醋, 也只有这种醋可以被称为意大利香脂醋, 它是以特雷比亚诺 (trebbiano) 和蓝布鲁斯科 (lambrusco) 葡萄树上结的葡萄为原料, 将其压榨成汁, 然后放在没有盖子的大锅里熬煮24～48小时, 使部分水分蒸发, 以获得保留部分酸味的浓缩果汁。

然后, 将这些浓缩果汁装入不同材质的木桶里熟化, 同时果汁可以萃取木桶中的单宁。这些木桶被存放在开放的天然粮仓里, 以感受夏日的高温和冬日的严寒。

在熟化的过程中, 部分醋会自然地蒸发。然后我们就将剩余的醋装进小一点的桶里, 木桶则越换越小。给您说个大概的数据, 150千克的葡萄大概可以产出100克左右真正的香脂醋!

这个流程结束后, 所生产的醋会被送到传统意大利香脂醋财团, 也只有这个财团有资格对香脂醋进行评估。质量检测合格后,

其会被正式授予 "传统意大利香脂醋" 的名称。与其说它是醋, 人们更愿意将其归纳为一种调味品, 它酸度柔和, 口感圆润, 味道丰富, 入口绵长。它绝对是一款出类拔萃的产品, 就像非常非常好的红酒一样, 滴上几滴就能增加整道菜的风味和香气。把它加在烤蔬菜、烤小牛肉、帕尔玛干酪甚至草莓或者香草冰激凌里, 都是一种绝佳的体验。给您说说它的价格吧, 每100毫升的价格在80～250欧元, 也就是说每升的价格在800～2500欧元。

调味香脂醋 (Condimento Balsamico): 它的品质略低于传统意大利香脂醋, 是由陈年意大利香脂醋混合了年份较新的意大利香脂醋制成的。这种香脂醋质地黏稠, 甜味较重, 品质也非常好。和传统意大利香脂醋一样, 一般在高档的香料店有售。每250毫升的价格在30～50欧元, 也就是说每升的价格在120～200欧元。

标有IGP标识的摩德纳香脂醋 (Aceto Balsamico di Modena IGP): 这是一款产地是摩德纳的葡萄酒醋, 但产品的原材料可能来自其他地区。在基底醋中加入了少量的浓缩葡萄汁, 并加入了焦糖来上色, 同时添加其他成分。这是一款比较经典的平价香脂醋, 根据品质的不同分为四个等级, 其中 "四叶" 是最高级的。在一般的大超市里每250毫升的售价在10～15欧元不等, 即每升的价格在40～60欧元。

香脂醋: 香脂醋是我们经常在超市里看到的最普通的醋, 它是由各种醋、焦糖、增稠剂和甜味剂混合而成, 有时还会添加一些浓缩的葡萄汁。这种香脂醋没什么特别的地方。它够酸, 却没什么特别的味道。在价格相同的情况下, 宁愿选择另一种质量更好的醋。价格大概在每250毫升5～15欧元, 即每升20～60欧元。

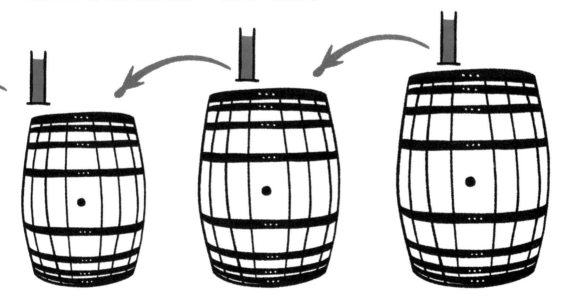

香料植物

罗勒、欧芹、细香葱、芫荽、百里香、牛至、龙蒿、月桂叶……
香料植物会散发各种香气并且可以用于装饰菜肴，起到画龙点睛的作用。
噢，顺便提一句，薄荷也是！

为什么晒干的香草味道会比较淡？

香草的味道和香气都储存在叶子里或叶子上的小油囊里。当植物被晒干后，这些小小的油囊也会干掉，所以香草的味道消失得很快。通常，干的香草闻起来就像晒干的土。尽量别用装在小玻璃瓶里的干香草，它们是没有灵魂的。

为什么干的百里香、牛至和迷迭香味道还不错？

百里香、牛至、迷迭香或月桂叶等木本植物略有不同。这些植物生长在相当干燥的气候条件下，它们的叶子比较厚，叶子里所含的分子比罗勒和细香葱等草本植物的芳香分子要顽强。这种植物比较耐煮，但为了延长保质期，人们还是会把它们晒干贮存。但您必须知道的是，这些木本植物被晒干几个星期后，还是会失去大部分的味道和香气。

百里香枝

为什么要将新鲜的香草放在湿润的厨房吸水纸中保存？

新鲜的香草一旦被剪下来，就不再能够通过它们的茎或枝干汲取水分了，它们会迅速地枯萎并干燥。唯一可以保鲜的方法就是用一张微微湿润的厨房吸水纸将它们包裹起来，再放进封闭的盒子里贮存。

新鲜的香草　　解冻的香草

为什么冷冻的香草解冻后会变得软趴趴、黏糊糊的？

如果我们将一瓶桃红葡萄酒忘在了冷冻柜里，当我们重新取出时就会发现剩下的是一大块粉红色的冰块和破碎的玻璃瓶。当葡萄酒结成冰块时，体积会变大，那么玻璃酒瓶就会支撑不住而碎掉。嗯，好吧，当我们将香草放进冷冻柜时，产生的反应是完全一样的，只不过反应是作用在分子层面。香草里的水分体积会增大，同时挤破它所在的细胞。解冻后，分子结构发生了改变，并且再也存不住水分了。结果就是会看到一团黏糊糊的东西，完全失去了新鲜香草的味道。

关于切碎香草的四个问题

1 **为什么我们要把香草切碎?**

香草以及香料植物的味道存在于它们厚厚的叶子里,而不是叶子的表面。如果您把一片欧芹的叶子放在舌头上,您几乎感觉不到它的味道,但是,如果您咀嚼它,就会感觉到欧芹的味道在口中炸裂。将香草切碎,味道就能迅速并均匀地扩散。

2 **但并不是所有料理都适合将香草切碎**

在长时间的烹饪过程中(炖肉等),植物里的味道会慢慢地转移并释放,这个过程需要好几个小时。为了加速香草味道的转移而将其切碎,这样做毫无意义,只会让汤汁或者高汤里漂满了香草的碎屑。对于慢炖的菜肴而言,无须将香草切碎!

3 **为什么要在使用前一刻才将香草切碎?**

当人们把香草切开时,切断的部位会发生酶促反应,这会改变叶子的味道。香草会在被切开的瞬间迅速枯萎并流失所有的风味。

4 **要用非常锋利的刀来切香草?**

用一把非常锋利的刀来切香草不会将其压烂。切得越干净利落,切面就越少,发生的酶促反应也就越少。其实,您也可以用一把好用的剪刀将香草剪碎,这和用利刃切开的效果差不多。把香草切碎的做法是可行的,但最好选择一把好刀来切。

为什么在切香草前要把它晒干?

如果切香草时,它是湿的,那么酶促反应发生得更快。另外,在烹饪的过程中香草的一部分味道会随着这些水分一起蒸发掉,香草里的一部分芳香化合物也会被带走。

为什么不要用搅拌机来打碎香草?

搅拌机可以打碎香草,但同时也会把它们压烂并碾成糊状。所以真的必须尽量避免使用搅拌机,因为那会带来不可估量的酶促反应,并彻底改变香草原有的味道。懒人们,用刀切或者用剪刀剪吧!

各类香料植物

为什么在烹饪的过程中一开始就要放入木本植物，而草本植物要留到最后放？

　　所有的香料植物都来自差别很大的两个家族：木本植物和草本植物。木本植物，如百里香、迷迭香、月桂叶等，都有一根枝干（木枝）以及由这根枝干提供养分的又厚又坚挺的叶子。厚厚的叶子里的味道散发得很慢。木本植物经得起长时间的烹煮，所以一开始烹饪的时候就可以加入木本香草。草本植物，如罗勒、欧芹、龙蒿等，它们的叶子（或者细香葱的茎）很薄，草本植物靠这些叶子汲取养分，所以这些叶子非常不经煮，它们的分子结构很脆弱，并且枯萎的速度很快，煮一会儿大部分味道就消失了。所以我们通常在起锅前才加入草本香料植物。

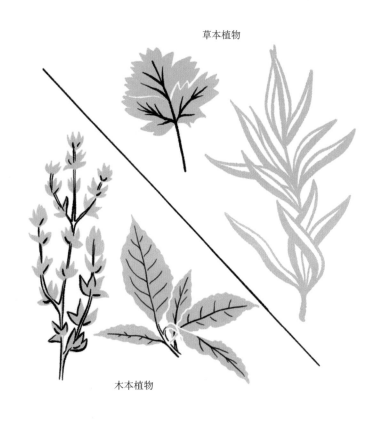

草本植物

木本植物

为什么一定要把月桂叶中间的叶脉去掉？

　　月桂的味道源于厚厚的叶子。将中间的那根叶脉抽掉，能够让月桂叶的味道迅速地扩散到菜肴里。当您需要在时间较短的烹饪过程中使用月桂叶时，这是最理想的用法。您也可以把月桂叶切成条使用。

为什么尽管欧芹也是草本植物，在烹饪某些食物时却要一开始就放呢？

　　欧芹是个例外！在长时间的烹饪过程中，起到重要作用的不是欧芹的叶子，而是欧芹的茎。欧芹的味道主要源于它们的茎。在炖煮几个小时后，这些粗壮的茎才能够发挥最佳的功效。因此，我们在食物刚下锅的时候就可以加入欧芹。

为什么我们要用大葱的叶子将调味香料裹起来？

大葱的叶子可以将调味香料固定起来。这样一来，像百里香之类的小叶子就不会散落在汤里也不会影响高汤的口感。另外，将各种香料固定，也更便于从汤底中取出香料。

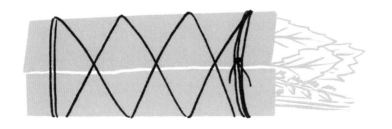

为什么要在最后一刻将香料植物撒在酱汁里？

如果您将香草过早地放进菜肴里，它们将会被酱汁里一层薄薄的油脂所覆盖。这层薄薄的油脂将会阻碍您感受香草的味道，哪怕是经过咀嚼，依然尝不出香草的味道。因此，必须在最后一刻加入香草，才能保留它们原有的味道。

为什么欧芹叶被加热时会在平底锅里跳动？

这是个很有趣的现象。当欧芹的叶子接触到烧热的平底锅时，叶子里所含的水分就会立刻蒸发，变成水蒸气并且在锅里爆破，从而导致叶子在锅里不规则地跳动。另外，我们还能听见微弱的爆破声，嗒咔！嗒咔！嗒咔！

美味！

为什么草本植物可以油炸？

这个嘛，真是太美味了！您可以直接将它们连叶带茎扔进180℃的热油里炸。香草会迅速地发生美拉德反应，叶子里所含的糖分会焦化，产生可口的味道，并且炸过的草本植物口感非常松脆，用来搭配炒蔬菜、烤鱼或者烤肉，绝了！

大蒜、洋葱和红葱头

您知道黑蒜不是烤焦的大蒜吗？

您知道切大蒜和洋葱的方式会改变它们的味道吗？

您知道哪怕用一把好刀也并不会使切洋葱的过程变得轻松吗？

为什么我们经常会看到大蒜被一头头地编起来？

大蒜茎的底部聚集着很多味道和香气。当大蒜被晒制2～3周，茎部的味道和香气会向蒜瓣的位置转移，并使蒜瓣的味道变得越来越浓郁。

这就是为什么我们会看到在很多位于地中海地区的国家，大蒜会被编起来出售。

色彩差异！

为什么会有白色大蒜、粉色大蒜和紫色大蒜？

这些是每年不同时期成熟的大蒜品种。

白色的大蒜是最普遍的，一般在四月到六月间成熟，人们会收获新鲜的白蒜，在五月到七月将其晒干。然后大蒜就可以保存好几个月。

粉色的大蒜是春天产的大蒜，当白蒜的第一层外皮褪去后，粉色就自然地显现了出来。这种蒜在七月享用非常美味。

紫色的大蒜则是夏末和秋季的产物。它的味道有一点点辣，烹煮后辣味会减轻，同时会产生轻微的甜味。

红葱头

洋葱

大蒜

为什么人们会将红葱头和小洋葱头弄混？

红葱头看起来很像个头比较大的小洋葱头，但红葱头只有一个鳞茎，而小洋葱头则有两个甚至三个。实际上，红葱头是洋葱的延伸部分，比小洋葱头的味道要温和一些。红葱头可以生食，切成薄片拌在沙拉里，也可以像意大利人那样加红酒和香脂醋一起炖制食用。

为什么尽量不要用红色的洋葱来烹饪?

因为红色洋葱纤维里包含的红色素在烹饪的过程中会转变成蓝紫色。所以红色的洋葱尽量生食或者快速地烤制食用。

为什么甜洋葱是甜的?

这种洋葱比其他种类的洋葱含糖量要高25%以上。同时它的含硫量比其他洋葱要少,含硫量越少,切洋葱时产生的酶促反应就越少,味道转变得就越少,切洋葱时流的眼泪也就越少。

为什么黑蒜如此美味?

黑蒜是一种来自日本东海岸的特产。蒜头被放在高温(70℃左右)和湿度在70%～90%的环境中熟化90天左右,在这个过程中,蒜瓣会由原来的珍珠白慢慢变成深的炭黑色。这种大蒜略带酸味,会让人联想到高品质的香脂醋,还带有一些甘草或李子的味道。这种黑蒜很稀有,价格也很高,一头蒜的价格在7～10欧元。如果有机会遇到的话,不要犹豫,一定要尝一尝这种纯粹的美味。

为什么被碰撞或摔过的洋葱坏得特别快?

暴露在空气中的洋葱是非常脆弱的。当它被用力碰撞后,它的纤维结构就会被破坏,并开始发生酶促反应。被碰到的部位就会变软,然后会逐渐地腐烂。买洋葱前要测试一下它的硬度,如果有变软的部分,那就是劣质的洋葱。

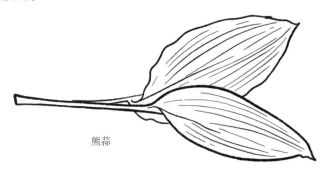

熊蒜

为什么我的大蒜会变成蓝绿色?

当蒜瓣被压碎或者切成末时,就发生了酶促反应。呃,好吧,人们最近发现,在某些不是很嫩的蒜瓣里,可能会同时发生两种不同的酶促反应,如果两种反应相互作用的话,就会改变蒜瓣的颜色。不用担心,这种蓝绿色的大蒜没有毒。比如常见的腊八蒜,就是一种特色的节庆美食。

为什么熊蒜(Ail des ours)比较稀有?

因为熊蒜(译者注:又名野韭菜)是野生的季节性产品。熊蒜的名字来源于一个传说,据说熊在结束它们的冬眠后最爱出来觅食这种植物。从二月起,它们开始在凉爽、阴暗的灌木丛中生长。整棵熊蒜都是可以食用的:叶子、鳞茎(尽管有些硬)和花朵。初春时节是熊蒜生长最旺盛的时期,直到三月或四月开花。细嫩的叶子散发出淡淡的大蒜味,带有些许甜味和淡淡的辛辣味。对所有美食家而言,这都是一种纯粹的美味。如果您发现了熊蒜,请从根部切下它的叶子,千万不要拔出鳞茎,这样,来年它又能长出新的叶子了。

大蒜、洋葱和红葱头的知识

关于切洋葱的三个问题

1 为什么人们在切洋葱时会流泪?

　　洋葱细胞里的各个部位都包含硫和酶,当它们互相接触时,就会生成烯丙基硫酸盐,其成分与催泪气体的成分相似。您感受到酶促反应的威力了吗? 这些气体从鼻子向上涌到眼睛里,人们就会开始淌鼻涕、流眼泪,以达到自我清洁和自我保护的目的。这就是人们最担心的:烯丙基硫酸盐遇水会转化成硫磺酸。因此,眼睛的自我保护能力越强,产生的硫磺酸就会越多,流的眼泪也会越多,泪水又会生成硫磺酸,周而复始。只有当洋葱不再产生大量会生成硫磺酸的气体时,人们才会停止流泪。

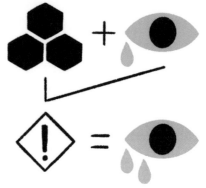

烯丙基硫酸盐会令人流泪,
而眼泪中的水分又会转化成硫磺酸,让人继续流泪

2 但为什么刀的好坏可以增加或减少酶促反应?

　　刀刃磨得越快,切得就越干净利落,破坏的细胞就越少,产生的酶促反应也越少,因此产生的刺激性气体也就越少。反之,如果刀刃不够锋利或者很钝,甚至有了缺口的话,就会割破大量的细胞,从而产生大量的刺激性气体。因此,切洋葱前的首要任务就是选一把非常锋利的刀,这样就不会边切边流泪啦。

3 为什么把刚切开的洋葱立即放到流动的水中冲洗就不会让人流泪呢?

　　当洋葱散发出的气体与流水接触时就会转化成硫磺酸,并且硫磺酸随着水流流走,就不会和眼泪接触形成硫磺酸而刺激眼睛流泪了。如果用热水,效果更好。记得用热水,而不是滚烫的开水。我听说洋葱在水里会失去原有的味道,质地也会发生改变。是的,这是有道理的。但是必须将切好的洋葱圈放在水里泡上好几分钟,才会改变洋葱的性质和味道。而您只是将切好的洋葱圈放在流动的水中迅速地冲一下,不是吗? 不然,您也可以在剥洋葱前把它放进冰箱冷藏30分钟,但这样效果并不是很好,或者,还有一个必杀技就是戴上泳镜来切洋葱,效果也非常好。

为什么蒜瓣的切法会直接影响它的味道？

当我们把大蒜切开时，大蒜的细胞里会发生酶促反应，切口处会产生大蒜素——一种无色的刺激性液体。切蒜的方式不同，酶促反应和大蒜的味道也会有所不同。

切大蒜

 用一把非常锋利的刀来切大蒜，发生的酶促反应有限。大蒜哪怕经过文火慢炖，也能保留它的甜味。

 用石臼捣碎大蒜，大部分细胞也被压碎了，如果用大火烹饪的话，味道也是比较辛辣和苦涩的。

 被刀背压碎的大蒜，受损的细胞数量不多，但大蒜的味道比简单地切开要强一些。

 如果将大蒜打成蒜泥，所有的细胞都被破坏了，因此会产生大量的酶促反应，蒜味会非常浓，甚至会产生令人不适的味道。

 用压蒜器压碎大蒜，大部分细胞都被压碎了，辣味会比较重。烹饪的时候一定要注意，因为蒜头被挤碎后会比较呛人！

切洋葱和切大蒜一样

洋葱的切法对于酶促反应及其味道的影响也很大。洋葱是由椭圆形的细胞构成，这些细胞都是指向末端的（顶端和根部）。

切洋葱

 从顶端向底端切洋葱，也就是顺着细胞切的话，细胞被切开的概率比较低，因此产生的酶促反应比较少，会让洋葱产生甜味。这样切出来的洋葱块比较耐煮，受热比较均匀。

 横向切洋葱，那么刀刃会穿过细胞，细胞被切开的概率比较大，就会产生更多的酶促反应，洋葱的味道会比较浓烈。切出来的洋葱块质地不均：外面比较硬里面比较软。

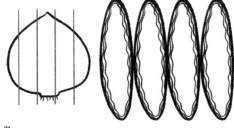

 将洋葱切成大块，会产生大量的酶促反应，味道会比较重，烹煮后洋葱的质地会很软。

 将洋葱切成小块，会最大限度地引起酶促反应，洋葱的味道会非常重，洋葱块煮熟后会呈海绵状。

切小洋葱头也是一样的方法吗？

确切地说，切小洋葱头也和切洋葱面临同样的问题：当我们竖着切小洋葱头时，会产生甜味，并且比较耐煮；换个方向切的话，味道会更加浓烈，并且比较不经煮。

大蒜、洋葱和红葱头的知识

为什么人们能做出美味的蒜泥呢？

为了做出美味的蒜泥（或者蒜味奶油汁），我们不能用生蒜，这就是好吃的蒜泥与众不同的地方！

1. 要做蒜泥，我们要将没有剥皮的蒜瓣浸泡在油里，用小火烹制30～40分钟。

2. 然后将所有蒜瓣和油都倒进一个漏勺里，将油收集起来。这些蒜油有很多用法，例如，我们可以把它淋在美味的烤羊腿上食用。

3. 我们可以再用这个漏勺将蒜粒压碎。把蒜瓣放进牛奶里煮，效果也一样好。

4. 我们用做出来的蒜泥来搭配白肉，或者就简单地将它涂抹在吐司上，也非常美味。这样做出来的蒜泥味道很柔和。

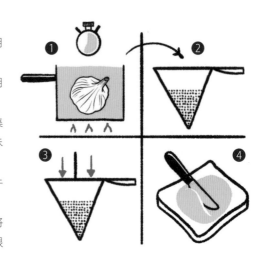

真相

为什么人们常说要把蒜瓣里的芽去掉，这样会比较好消化？

实际上，这和好不好消化一点关系也没有，但是蒜瓣里的芽带有苦味，并且硫化物含量比蒜瓣的其他部位要高得多。如果不把蒜瓣里的芽去掉的话会产生苦味和难闻的气味。因此，是的，最好剔除蒜瓣里的芽，但并不是为了更好消化。这种说法简直是无稽之谈。

为什么我们在把半个洋葱放进高汤之前要先在火上烤一下？

洋葱被烤至上色的部分或者微微烧焦的部分溶解在液体里，使高汤的颜色变成棕色，看起来更加令人食指大动。我说的是稍微烤一下，呃，可不是烤焦哦！如果烤得太焦，洋葱就会让高汤变苦，并且把高汤变成恶心的黑色。

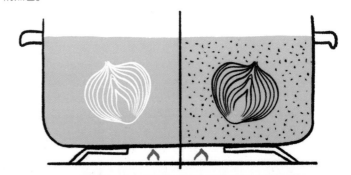

为什么人们吃了大蒜之后会有难闻的口气？

大蒜里含有的大蒜素是由硫化物构成的。这些硫化物在人们咀嚼生蒜或者消化大蒜的过程中会产生难闻的口气。而消除口臭的唯一方法就是吃一些或者喝一些能够与大蒜素发生化学反应形成全新的无异味分子的食物。

这就包括很多生吃的蔬菜和水果，例如，苹果、葡萄、猕猴桃、蘑菇、沙拉、罗勒、薄荷等。果汁、牛奶或者酸奶的效果也很好。当然还有很多我们没见过也不认识的食物。

为什么烹饪时千万别把大蒜烧焦了？

大蒜在烹饪的过程中是不耐高温的，因为大蒜里含有大量的果糖，这种糖和蜂蜜里的糖一样，是比较干的，很容易焦掉，一旦焦化了，大蒜就会变得又苦又涩。需要长时间烹饪的酱汁，如意大利番茄肉酱，就没有这个困扰，因为这种酱汁在烹饪过程中加了很多水，实际温度一般不会超过100℃，在这种情况下，大蒜是不会被烧焦的。

美味！

为什么我们可以将整粒蒜瓣放在烤鸡里烤？

大蒜的外皮包裹着蒜瓣，就像一层保护隔离层，它们有效阻止了大部分热量的渗透。即使您将烤箱温度调到了180℃，蒜瓣的实际烹饪温度也要低得多，它们会慢慢地变软。

"糖蒜的味道真的很惊艳，
非常的柔和并且非常的甜。
它就是块真正的糖果。"

关于橄榄油蒜泥酱的两个问题

1 为什么真正的橄榄油蒜泥酱里只有大蒜和橄榄油？

"橄榄油蒜泥酱"（aïoli）一词来源于加泰罗尼亚语 "ail i oli"（大蒜和橄榄油）。我们之所以给它取这个名字，是因为在真正的橄榄油蒜泥酱里除了大蒜和橄榄油，其他什么都没有！没有蛋黄，否则就应该叫作蒜泥蛋黄酱了吧，也没有土豆，没有白吐司，当然很遗憾，也没有黄芥末！

2 为什么现在的橄榄油蒜泥酱不再是只有大蒜和橄榄油呢？

因为橄榄油蒜泥酱是一种乳状的调味汁，和蛋黄酱一样，蛋黄酱就是蛋黄里所含的水分和油乳化所得到的调味汁（请参见"调味汁"）。

制作橄榄油蒜泥酱，首先将含有90%水分的蒜头放入石臼中捣成细细的蒜泥（①），然后一滴一滴地往蒜泥里加油，直至形成稳定的乳状调味汁（②），再倒入大量的油。这种调味汁很难制作，就算是经验丰富的大厨也不一定做得好。毫无疑问，这就是为什么我们经常看到有的厨师往橄榄油蒜泥酱里添加蛋黄、土豆甚至白吐司来帮助它凝固。但是这样做出来调味汁味道与真正的橄榄油蒜泥酱是截然不同的。

橄榄油蒜泥酱的做法和蛋黄酱一样，
只不过用大蒜取代了蛋黄

辣椒

它无刺却能刺痛你，它不用加热却能让你燃烧，它会令人涕泪横飞，
但是，我们仍然喜欢它。啊，辣椒！

为什么辣椒会让人感到刺痛？

辣椒的刺激性主要来自它们作为防御系统的分子——辣椒素。辣椒所含的辣椒素越多，它就越辣，但是，这种刺激性是没有气味也没有味道的，这仅仅是一种感受，一种感觉。请注意，不同的辣椒的刺激性不尽相同！有些辣椒味道很温和，甚至有点甜，比如，柿子椒。而有的辣椒则真的很辣，随时挑战人类的味觉极限，例如安德列斯群岛的哈瓦那辣椒（piment habanero），就算是很爱吃辣的人也无法忍受。1912年，威尔伯·斯科维尔（Wilbur Scoville）发明了斯科维尔辣度，我们将其简化成一种厨用辣度单位，也就是说人们可以用1～10的数字来界定辣椒的威力。

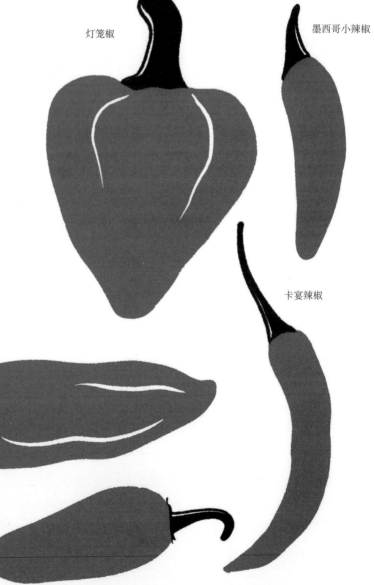

灯笼椒

墨西哥小辣椒

卡宴辣椒

钟形青椒

墨西哥胡椒

哈瓦那辣椒

泰式辣椒

红色萨维纳辣椒

卡罗来纳死神辣椒

特立尼达莫鲁加辣椒

为什么我们说"辣椒是火热的"？

也许您马上就会说：辣椒的辣味并不是热的！而是我们的身体被骗了，仅此而已。好吧，让我来解释一下，因为这是个技术问题并且答案有些令人意外。在我们的口中，有许多探测温度的神经元，当温度达到42℃时，这些神经元就会被激活，我们就会开始觉得食物太热了。但是，辣椒素会误导这些神经元，并且在我们的口腔温度没有发生任何变化的情况下，让我们口中的传感器向我们的大脑发出热和痛的信息。另外，很有趣的是这些传感器似乎很容易被骗，如果我们往口中滴几滴薄荷油的话，它们也会向大脑发出冷的信息。

为什么有的辣椒的辣味持续的时间比较长？

我们之前提到辣椒素是让辣椒产生灼热感的原因。但是，在同一分子家族中，其他的辣椒素物质也会产生刺痛感，例如，二氢辣椒素，高二氢辣椒素或是高辣椒素（这听起来很专业，不是吗？）。这些分子或多或少具有保持刺痛感的作用。由于各种辣椒所包含的成分不尽相同，所以有些辣椒的辣味持续的时间比其他辣椒要长。

辣椒的知识

为什么在气候比较炎热的国家人们喜欢吃辣？

辣椒具有很强的抗菌能力和防腐能力。在没有冰箱的年代，在炎热的气候条件下使用辣椒可以延长食物的保质期限，尤其是肉类。

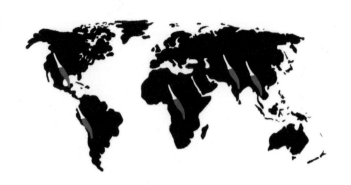

为什么要少量多次地往菜里添加辣椒？

将辣椒一次性放进菜里，可就没有捞出来的可能性了，这会让你追悔莫及！唯一降低辣度的方法就是往锅里加水、酸奶、蔬菜、鱼、肉或者其他食材来稀释辣味，将辣椒中和到合适的比例。

所以最好的办法就是逐渐、少量多次地往菜里添加辣椒，并时不时尝一下味道，以确认辣度是否合适。

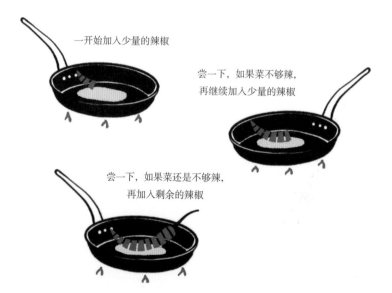

一开始加入少量的辣椒

尝一下，如果菜不够辣，再继续加入少量的辣椒

尝一下，如果菜还是不够辣，再加入剩余的辣椒

真相

为什么"辣椒会把胃烧个洞"，人们还是要吃辣？

关于这一点，对不起，我必须要反驳您，吃很辣的辣椒，甚至非常非常辣的辣椒，也不会把胃烧出洞的。这完全是一个错误的观点。美国科学家将各种辣椒制剂直接注射到志愿者们的胃里，然后用摄影机拍摄以观察效果。而结果是，完全没有影响！

最容易导致胃部病变的是醋，或者是进餐时服用的阿司匹林。很意外，是不是？

为什么人们会喜欢辣椒的辣味？

也许是因为喜欢吃辣的人有点受虐倾向，并且能够在吃辣的过程中找到乐趣。这么说一点也不夸张。在疼痛的刺激过后，我们的身体会分泌出内啡肽，内啡肽有良好的止痛效果，能够让人体产生舒适感，甚至愉悦感。内啡肽是很多从事耐力型体育运动的人，如长跑、游泳以及接受有氧训练的人所不断追寻的物质。

为什么辣椒会让我们流汗、流泪、流鼻涕？

这是因为我们的大脑认为我们的身体正在发热。于是大脑启动了保护机制——用出汗来降低身体的温度（和我们运动时会出汗是一个道理），用流鼻涕和流眼泪来排出刺激物（就像人们闻到刺激性气体时会屏住呼吸一样）。

为什么处理完辣椒的手不能触摸眼睛和嘴唇？

因为人体的各个部位都分布着相同的热量传感器，它们分布在眼睛周围、鼻子周围等。这些传感器也同样会被误导，让我们流眼泪或者流鼻涕。在碰完辣椒之后，一定要用肥皂认真、仔细地把手洗干净。

为什么人们说将辣椒的籽去掉可以让辣椒变得没那么辣？

有人说辣椒的辣味来自它的种子，但其实这是不对的。十分之九的辣椒素存贮在辣椒的胎座里（就是辣椒中间那层白色的膜）。而辣椒的一部分种子因为靠近这层膜，因此会吸收小部分辣椒素，从而变得有一点辣。会产生这样的误解还因为人们在去除辣椒籽的同时，会刮掉辣椒的胎座，这才是辣椒最辣的部位。

为什么喝水不能缓解舌头的刺痛感？

当我们吃辣椒的时候，辣椒素会附着在我们口腔里的神经元上，这些神经元对热量非常敏感。但问题是，辣椒素不溶于水。就算您喝掉好几升水也无济于事，水并不能缓解辣味带来的刺痛感。

为什么喝牛奶或者酸奶可以缓解辣味？

喝牛奶和酸奶比喝水缓解辣味的效果好得多，是因为牛奶中的某些蛋白质和脂肪可以吸收和分解辣椒素。由于辣椒素和口腔里的接收器被隔离了，您只会感到有些麻麻的，但要经过几分钟才能生效。

牛奶和奶油

牛奶和奶油将我们带回到童年，人生的第一种食物、乡村的假期、打翻的牛奶瓶……
貌似牛奶和奶油和现在超市里的冷鲜柜没什么关系。

小常识

为什么市场上有很多不同种类的牛奶？

因为这些牛奶可以满足人们不同的口味需求、健康需求以及不同的运输和存贮条件。我们必须根据牛奶本身内在的特点及其存贮要求给它分类。当然除了牛奶以外还有山羊奶、绵羊奶等。

牛奶的质量

生牛乳是味道最浓的牛奶，奶油含量也是最高的。它没有经过加热，打开后的保质期只有3天。它浓郁的味道和厚厚的脂肪（脂肪含量为3.5%～5%）甚至会让不懂牛奶的人产生怀疑。但是，出于健康原因，不建议儿童、孕妇和老人食用。

全脂牛奶是生牛乳的最佳替代品，因为它的奶油含量也很高，全脂牛奶最低脂肪含量为3.5%。人们对其进行巴氏消毒或UHT处理（见第73页）时，会先对其进行脱脂处理，然后再将所需要的精确数量的奶油重新加入牛奶中。全脂牛奶是烹调的最佳选择，因为它的味道最好。

半脱脂牛奶的奶油含量是全脂牛奶的一半，所以味道会比较淡。和全脂牛奶一样，半脱脂牛奶加工时会先将奶油去除，然后再添加1.5%～1.8%的脂肪。我们也可以用半脱脂牛奶来做菜，但是它的味道会比全脂牛奶淡得多。

脱脂牛奶经过处理后几乎不含奶油。这是一种平淡乏味的牛奶，相较其他牛奶而言，脱脂牛奶要稀得多，一般不用于烹饪。它的脂肪含量一般都小于0.5%。

炼乳是将牛奶中所含的60%的水分蒸发而形成的一种牛奶。它具有焦糖味，呈现出奶油质地。炼乳也可以分为全脂、半脱脂和脱脂。

奶粉是将牛奶中所有水分都去除而制成的牛奶。它的保质期很长，可以长达1年。奶粉也分为全脂奶粉、半脱脂奶粉和脱脂奶粉。

强化牛奶是添加了维生素或矿物质（钙、镁、铁等）的牛奶。强化牛奶主要适合儿童、孕妇和老年人饮用。

牛奶的加工

除了生牛乳，所有类型的牛奶都可以经过处理，加工成全脂牛奶、半脱脂牛奶和脱脂牛奶。

生牛乳是未经过加工的牛奶。正如我们前面所提到的，生牛乳是一种保质期非常短的牛奶。

微过滤的牛奶是指首先对牛奶进行脱脂，然后用一层非常薄的薄膜来过滤牛奶中的有害细菌和微生物。就牛奶本身而言，奶油经过巴氏消毒，然后再重新添加进牛奶里，它的味道应该和生牛乳的味道是很接近的。

高温杀菌牛奶是指将牛奶在57℃～68℃的温度下加热15秒，以杀死某些病原菌。这种牛奶我们在商店里是找不到的，因为这种牛奶是特供给那些不愿选用生牛乳作为原料的奶酪生产商的。

巴氏杀菌牛奶加热温度更高，是在72℃～85℃的温度下加热20秒，以杀死生牛乳中99.9%的有害微生物。热处理会很大程度地破坏牛奶的味道和质地。

UHT（超高温）瞬时杀菌牛奶是指在140℃～150℃的温度下加热几秒钟后，再在几秒钟内迅速冷却而制成的牛奶。这是一种无菌牛奶，但这种牛奶是"没有生命"的，平淡无味，不适合烹饪。

注意!

"植物奶"不是奶吗？

让我们来聊聊这些行业内幕。"植物奶"是不存在的！这是一个带有欺骗性的商业名称，用于销售那些看起像牛奶却不含任何奶的产品。实际上，这些"植物奶"是谷物或豆类的汁加水制成的，然后人们会往里面添加其他成分，使其变成和牛奶相似的白色。同样的道理，所谓的"大豆酸奶""植物奶酪或植物黄油"都是不存在的。这些产品也许味道不错，但是和酸奶、奶酪或黄油没有任何关系。但是有一个例外（尽管我们必须尽快转回正题），2010年，唯一被合法冠名为"奶"的一种植物奶就是椰奶。千万不要被这些虚假的名字所迷惑了。

"至于开菲尔奶酒（kéfir），它是一种发酵的牛奶，有些微微的气泡，酒精含量不到1%，它是用绵羊奶、牛奶或山羊奶制成的。"

白脱牛奶（LAIT RIBOT）并不完全是牛奶吗？

您不知道白脱牛奶？那真是太可惜了！这是一种发酵牛奶，类似于我们中东朋友常喝的开菲尔奶酒，其制造工艺可以追溯到高卢人。为了制造出白脱牛奶，我们采用与制造酸奶类似的方法，但是加入的细菌菌株是不同的。我们取一些在制造黄油的过程中搅拌奶油而形成的白色乳清，然后往这种液体中撒入细菌，使其发酵。液体会慢慢凝固（但比我们喝的酸奶要稀），并且略带酸味。这并不是真正意义上的"牛奶"，但它喝起来还是非常美味的。

牛奶和奶油的知识

为什么刚挤出来的牛奶不能直接饮用？

因为生牛乳来自动物体内，因此它含有大量的微生物，并且人们在给奶牛挤奶时，微生物也会留在奶牛的乳房上，从而污染牛奶。

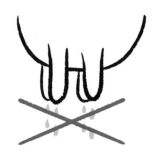

为什么生牛乳是糕点师和厨师们的首选？

由于没有被加热过，生牛乳的味道比其他牛奶丰富得多。另外，它的奶油含量也最高，因为它是全脂奶。生牛乳是一种味道非常醇厚的牛奶。

为什么用生牛乳制作的奶酪也不错呢？

因为有害的微生物在奶酪熟成阶段很自然地被杀死了。最后只剩下有益的微生物、细菌和真菌，这些都是制作美味的奶酪所必需的。

为什么牛奶没有母乳好消化？

牛奶中的蛋白质含量是母乳的3～4倍。婴儿的身体并不能处理和消化如此大量的蛋白质。结果就是，这些蛋白质在胃的酸性环境中凝固，使消化变慢，然后就会在结肠中形成所谓的"腐烂"微生物群，引起婴儿身体不适。

为什么对老年人而言牛奶也很难消化？

牛奶中含有一种糖，就是乳糖。问题就出在乳糖上，因为要想充分地消化它，需要一种特殊的酶，也就是乳糖酶。这种乳糖酶存在于儿童体内，通常在孩子长到4～5岁时就会消失。然而，在一万年前，有些人身上发生了基因突变，他们喝下牛奶完全不会出现任何问题，80%以上的北欧人和北美人可以正常地饮用牛奶，但在东南亚、非洲和南美洲，很多人对牛奶中的乳糖并不耐受。

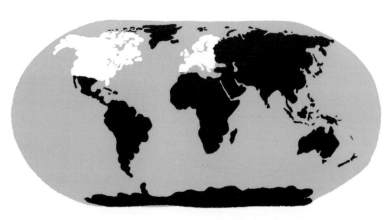

基因突变发生后，世界上一部分成年人变得对牛奶不耐受

❶ 为什么牛奶加热后会形成奶皮？

    牛奶的85%是水，剩下的是蛋白质、糖、脂蛋白等。当牛奶加热至70℃～80℃时，蛋白质会凝结在一起并漂浮在牛奶表面，形成一层奶皮。

❷ 为什么煮牛奶的时候容易溢锅？

    牛奶表面形成的奶皮锁住了牛奶中的脂肪分子，而这些脂肪分子在热的作用下会上升。整锅牛奶都会变稠，当牛奶的温度为70℃～80℃时，蒸汽的气泡被厚厚的奶皮挡住，就会把所有的牛奶都向上推，直到整锅牛奶都溢出来。为了避免这种情况的发生，您必须时不时地将形成的奶皮揭掉，或者将一支木勺斜插在锅里，这样木勺可以吸住奶皮并且让蒸汽气泡从木勺边上的空隙上升。

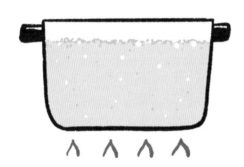

在加热的牛奶的表面形成了一层
由凝固的蛋白质和脂肪构成的奶皮

牛奶煮沸后，蒸汽气泡上升，
挡住它们的奶皮被托起，牛奶因此会溢出

❸ 为什么牛奶煮开后要盖上锅盖？

    当牛奶热好后（没有形成奶皮，因为煮的过程中已经将奶皮揭掉，也没有溢锅），应盖上锅盖。锅盖可以收集蒸汽，这样牛奶就不容易干。否则，无论如何牛奶都会形成一层奶皮。

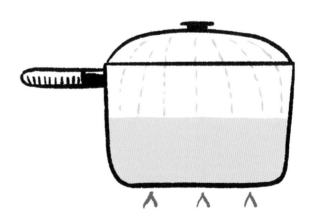

蒸汽上升到锅盖上，然后又落回牛奶里，
这样可以有效地防止牛奶干掉

牛奶和奶油的知识

小常识

为什么我们在商店里会看到很多不同品种的奶油？

所有这些奶油都有各自不同的特点：脂肪含量、流动性、味道等。除了新鲜的生奶油，所有奶油都是将牛奶经过巴氏杀菌消毒后，再用离心机将牛奶中所含的脂肪分离出来而制成的。操作完成后，我们会发现原来的牛奶变成了一部分是脱脂奶，而另一部分则是奶油。然后，根据不同的生产目的，往分离出来的奶油中加入不同分量的脱脂牛奶进行稀释。为了使奶油在烹饪的过程中不结块，奶油中的脂肪含量不能低于25%。

奶油的品质

液态新鲜生奶油是通过将漂浮在牛奶表面的生牛乳脱脂而获得的。它的脂肪含量在30%～40%，尽管这种奶油非常耐煮，但是为了最大限度地保留它原有的味道，人们一般不会加热使用。

浓鲜生奶油是一种加入乳酸菌发酵而成的浓稠的新鲜生奶油。它的脂肪含量也是在30%～40%。一般它不加热使用，而是在烹饪结束时加入菜中，以提升调味酱汁的味道和顺滑的口感。

淡奶油又称为"牛奶花"，也是通过收集漂浮在牛奶表面的奶皮制成，但它是经过巴氏消毒的。淡奶油是一种优质的奶油，由于脂肪含量为35%，因此淡奶油是可以打发的，同时也非常适合烹饪。

液体奶油是一种经过灭菌处理的淡奶油。这种操作会让奶油丧失一部分味道。由于它的脂肪含量比淡奶油要低（小于20%），因此在烹饪的过程中可能会发生结块的现象。

重奶油就是向液体奶油中添加乳酸菌发酵物，使其变得浓稠并产生酸味。重奶油也非常适合烹饪。贴有AOP产区认证标志的重奶油有伊斯尼（Isigny）奶油和布雷斯（Bresse）奶油。

双重奶油是指脂肪含量高达60%的重奶油。这是一种非常美味的奶油，也非常适合烹饪。这种奶油在国内很少见。

轻奶油或超轻奶油是将奶油中的一部分脂肪提取出来的奶油，当然它的味道也会淡得多，但是人们会往里面添加增稠剂。这种奶油不经煮。总而言之一句话，这种奶油完全不适合烹饪。

酸奶油一般也是不加热使用的，因为它的脂肪含量较低，一般在15%～20%。这是一种酸味较重的奶油。

奶油的加工

液态新鲜生奶油和浓鲜生奶油都是未经任何加工的奶油。因此，必须在装罐后2～3天内迅速食用，这两种奶油味道丰富，质地浓稠。

`|—                              +|`

巴氏杀菌奶油经过比牛奶更加严格的灭菌程序，在115℃～120℃的温度下，加热15～20分钟，杀菌的时间也比牛奶杀菌的时间要长。这种奶油的质地比较稀，味道也比较淡。

`|—              +|`

UHT杀菌奶油采用超高温杀菌，尽管这种奶油在打开前可以在常温下保存，但是美食家们对它完全不感兴趣。

`|—                              +|`

美味!

为什么生奶油比较少见？

因为生奶油是从生牛乳中纯手工提取的。这种奶油的品质很好，没有经过巴氏杀菌也没有经过任何灭菌处理，所以保质期只有短短的几天。所以一般我们只能在乳品厂或者农场里找到这种奶油。

啧啧!

为什么轻奶油或者液体奶油不能加热？

原因就是它们的脂肪含量比较低（很正常，它们都是脱脂的），因此在加热时或者与酸的食物接触时，奶油里的酪蛋白可能会发生凝结。制作调味酱汁的话一定要使用全脂奶油，那样做出来的效果是最好的。

但为什么说这些奶油还是可以用的？

嗯，坦白说，这些脱脂的并非天然浓稠的玩意儿真不是什么好东西。制造商必须往里面添加增稠剂才能维持奶油的浓稠度，否则，它们就会和牛奶一样稀。但这些对身体也没什么伤害，所以说，如果您实在没有别的选择的话，这些奶油也是可以用的。

牛奶和奶油的知识

从为什么到怎么做

为什么说我们可以自己用奶油来制作黄油？

富含脂肪的奶油经过长时间地搅拌最终会形成颗粒状的黄油。亲手制作黄油的步骤如下：

1. 用搅拌器或者搅拌机将至少含有30%脂肪的液体奶油搅拌10～15分钟，直至奶油分成两部分：一部分是淡黄的糊状（黄油），另一部分是沉淀在底部的白色液体（乳清，就是牛奶经提取黄油后剩下的白色液体）。

2. 将所有混合物倒入漏勺中过滤出黄油，并将其放在自来水下冲洗。

3. 将滤出的黄油揉搓几分钟，使其变得光滑，不要加盐。

4. 将自制的黄油放进冰箱冷藏1周，下次请人吃饭的时候就可以在朋友面前炫耀啦。

为什么瓶装或者盒装的英式奶油不是真正的英式奶油？

英式奶油真正的配方是将16个蛋黄加入1升的牛奶中制成的（我知道，这听起来很多），但奶油里没有香草，面对事实吧！我们平时在市场上看到的以"英式奶油"命名的盒装或者瓶装的奶油里，1升牛奶里加入的蛋黄比配方上的16个要少得多，同时他们加入了香草来调味。所以说这种绝不是真正的英式奶油！

正确的方法

为什么我们说英式奶油结块的问题是可以补救的？

英式奶油是由我们肉眼看不见的凝结在一起的小颗粒组成的。但如果您煮的时间过长，凝结的小颗粒就会变大，变成大块的凝固物。不要慌！只要将结块的奶油放入一个瓶子里，并且使劲地摇晃，凝结的奶油块就会被弄碎，重新变回肉眼看不见的小颗粒。

关于香缇奶油的三个问题

❶ **为什么一定要用淡奶油来制作香缇奶油（CHANTILLY）?**

让我们从头说起：什么是香缇奶油？香缇奶油是一种混入了空气后呈慕斯状的奶油。香缇奶油能够给像我们一样的大孩子们和小孩子们带来纯粹的快乐。

问题是，要将空气成功地封闭在奶油里，奶油中必须有足够多的脂肪。没有脂肪，就没有成型的慕斯，因为只有脂肪分子锁住了气泡，才能使打出来的慕斯状的奶油变得紧实。例如优质的淡奶油，所含脂肪高于35%，而且它本身的味道十分浓郁，因此它是制作香缇奶油的完美材料。

❷ **为什么不能用脂肪含量同样很高的浓鲜奶油制作香缇奶油?**

嗯，好吧，仅仅是因为浓奶油很厚，太浓稠了，很难将空气打进去，因此这种奶油很难像蛋清一样被打发。您可以像个疯子似的拼命地搅打，它会有一点点液化，但浓鲜奶油绝不可能像淡奶油那样被打发，怎么打发都无济于事。

❸ **为什么奶油和打奶油的工具都最好冰镇一下?**

这是个技术问题，但我们可以通过一个例子来简要地说明这个问题。当黄油放在冰箱里冷藏时，它是硬的；放在室温下，它会变软。

对奶油而言，道理是完全一样的，因为它们含有脂肪。在冰箱里，奶油中的脂肪是硬的；室温下，脂肪就变软了。问题是，当脂肪变软时，它就无法锁住气泡了，那么奶油将无法被打发成香缇奶油。况且，在制作的过程中，所有东西都会微微地升温。

因此，我们在打发奶油时，要提前1小时或者2小时将所有的工具放进冰箱里冷藏，以确保使用时它们是冷的！您也可以将盛奶油的容器放在冰座上，效果可能会更好。

为什么市面上销售的喷射奶油不叫"香缇奶油"?

那是因为喷射奶油根本就不是香缇奶油。那些罐子里装的都是超高温杀菌的奶油（因此没有任何奶味），为了减少奶油的用量，增加奶油的体积，人们还会往里面添加乳化剂。而且为了使奶油膨胀，我们还会往里面添加一些气体，通常是加入一些一氧化二氮。这就是喷射奶油"入口即化"的原因。实际上，那里面只有空气和很少的奶油。另外，您可能会注意到这些喷射奶油甚至都不是摆放在冰鲜柜台里出售的，而是和超高温杀菌的牛奶一起摆放在常温环境下销售。它与真正的香缇奶油没有任何关系。但是，好吧，这种奶油也能给孩子们带来欢乐，小孩子都很喜欢按下按钮并看着奶油喷出来的样子。我们还是可以时不时地买些来取悦小孩子的，不是吗？

黄油

无论是甜的、咸的、淡的、用牛油制成的黄油或者用非牛油制成的黄油，
不管是用来涂抹或是用来制作菠菜泥，黄油都有自己的受众。

关于黄油颜色的三个问题

① **为什么用白色的牛奶做出来的黄油却是黄色的?**

　　黄油的颜色来源于橙黄色的胡萝卜素。这种色素也存在于胡萝卜中，并且大量存在于喂养奶牛的鲜草中，因此牛奶中也会含有胡萝卜素。实际上，牛奶是淡黄色的，但是由于光线的反射，所以牛奶看起来是白色的。另一方面，因为黄油不怎么反光，这才使我们能够感知到它真实的颜色——黄色。

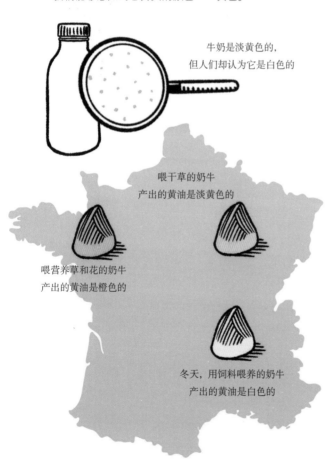

牛奶是淡黄色的，
但人们却认为它是白色的

喂干草的奶牛
产出的黄油是淡黄色的

喂营养草和花的奶牛
产出的黄油是橙色的

冬天，用饲料喂养的奶牛
产出的黄油是白色的

② **为什么来自不同产地的黄油颜色大不相同?**

　　如果饲养奶牛的地区经常下雨（例如：诺曼底或布列塔尼地区），那么那里的奶牛就可以吃到肥沃的鲜草，并且可以产出颜色很黄的黄油。但是，如果养牛的牧场气候干燥，或者由于当地优质草料的匮乏，人们用干草来喂养奶牛，那么它们产出的黄油颜色会很淡，味道也不会那么好。

③ **那么，季节不同，黄油的颜色也不同吗?**

　　春季，牧草肥美，并且草中带有许多小花，因此产出的牛奶口味丰富，用这样的牛奶制成的黄油味道也会比较丰富，黄油的颜色也会比较黄，甚至可能呈现出淡淡的橙色。冬季，牧草没有那么肥美，草中所含的胡萝卜素也比较少，那么黄油的颜色就会比较浅，甚至可能会是白色的。但是，请注意了，为了使不同季节出品的黄油颜色相差没有那么明显，制造商可能会往冬天产的黄油里添加 β-胡萝卜素。

为什么黄油的味道也会随着季节的不同而改变？

如果全年都在牧场上放牧奶牛的话，草的质量将直接影响黄油的味道。春季，牧草丰富、肥美，百花盛开；夏季虽然干燥但牧场里花香四溢；秋季牧草重新肥美起来但鲜花开始凋零；而到了冬季，基本只能喂饲料了。所以我们发现黄油的味道也会随着季节交替而发生改变。

为什么手工搅拌的黄油（LE BEURRE DE BARATTE）更加美味？

手工搅拌的黄油，是从牛奶中提取出奶油后，不停地搅拌它，直至形成黄油小球。我们把这些黄油小球取出来，将其冲洗干净，然后在加盐之前将其揉捏成黄油块。普通的黄油，通常是对奶油进行巴氏杀菌，然后再快速冷却，搅拌的过程是用工业手法完成的，不到1秒的时间就会形成黄油小球！而手工搅拌的黄油，则是我们把生奶油冷藏后，搅拌1～2小时才会产生黄油小球。然后我们会根据食品生产的需要，以及奶牛所喂养的饲料等对这些黄油小球进行不同时长的揉捏，这样制作出来的黄油味道更丰富，香气更馥郁。

为什么我们很难找到山羊黄油或是绵羊黄油？

在法国，除了在有机食品商店，我们几乎看不到山羊黄油或是绵羊黄油。山羊黄油主要产自盎格鲁-撒克逊国家，而绵羊黄油则是希腊人民喜闻乐见的一种食物。以山羊奶为原材料制成的黄油比用牛奶制成的味道更突出，而用绵羊奶制成的黄油口感更加柔和并且奶味更重。别犹豫，有机会一定要尝试一下这两种黄油！

为什么我们会往某些黄油里加盐？

这个嘛，我们会往一些优质的黄油里加入高品质的盐，可不是随便什么黄油里都可以加盐的哦！当我们往高品质的黄油里撒盐时，我们说这是为了使黄油"流泪"。而事实确是：盐会吸收黄油里所含的水分，然后，水分迅速蒸发，这样我们就能得到更加紧实的黄油，其味道更加卓越，口感更加丰富。在没有电冰箱和防腐剂的年代，往黄油里加盐，可以有效地延长黄油的保质期。

为什么在有些有盐黄油中我们会吃到盐粒，有的却没有盐粒？

一般情况下黄油里加入的是细盐，但是如果您希望有些小小的颗粒感来刺激您的味蕾的话，我们也可以往黄油里加入晶体盐，这些晶体盐在黄油里不会熔化。这种带有晶体盐的黄油通常比普通的有盐黄油要贵，但品质要好得多。

黄油的知识

黄油都要密封保存吗?

您是否注意到,黄油并不是装在小盒子里的,而总是被一层厚厚的纸或者是铝箔纸包裹着出售的?理由很简单:黄油真的非常容易吸收周围的味道,如果您将黄油暴露在空气中,或者放在冰箱里几分钟,它的味道就会发生改变。另外,过去的调香师就是利用精炼的油脂来捕捉花里的芳香分子。

为什么市面上会有软黄油出售,而不像我们认为的那样"被禁售"?

不要吵,别担心!制造商不会往黄油里添加任何化学物质让黄油哪怕放在冰箱里也是软的。他们是利用了一种名为"部分结晶"的原理,具体步骤包括将黄油融化,然后再慢慢地冷却。在冷却的过程中,并非所有融化掉的黄油都会以相同的速度凝固,一部分黄油变硬的速度比其他部分变硬的速度要快。我们取出比较柔软的那部分黄油,对它进行揉捏和重塑。这样的黄油哪怕在4℃~5℃的贮存温度下依然是软的,但是味道就没有那么丰富了。

主厨妙招

为什么说用黄油来煎食物的时候要加入一点高汤?

当温度超过130℃时,黄油就会烧焦(见第83页)。为了防止温度升得过高的最佳方法就是往锅里加入少量的高汤,这样可以将周围的温度锁定在肉汤中所包含的水分能够达到的最高温度,也就是100℃。这可是大厨们的妙招!他们一般对外都保密的哦。

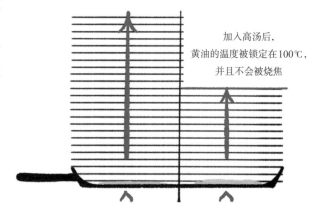

没有加入高汤,黄油的温度直线攀升,并且在达到130℃时黄油会被烧焦

加入高汤后,黄油的温度被锁定在100℃,并且不会被烧焦

为什么黑黄油(beurre noir)并不是烧焦的黄油?

黑黄油鳐鱼(La raie au beurre noir)就是用黑黄油制作的一道经典菜肴。不用担心,厨师是不会用烧焦的黄油来毒死你的!黑黄油是用一种榛子黄油(beurre noisette)制成的,我们往里面加了醋,有时还会添加一些刺山柑花蕾(câpre)。

烧焦的黄油

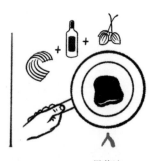

黑黄油

① **为什么黄油会被烧焦？**

　　黄油含有大约80%的脂肪，16%的水分和4%的蛋白质。当加热黄油时，黄油中所含的水分会使周围的最高温度保持在100℃。但是，这些水分蒸发以后，温度就会迅速升高。蛋白质和乳糖开始变成棕褐色，这就是著名的"榛子黄油"啦。继续加热下去，黄油就被烧焦了，这样就完蛋了，黄油会变得很苦并且带有一股焦煳味。

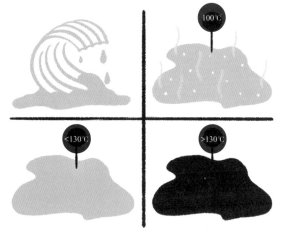

黄油加热后融化，水分蒸发了，
然后变成浅褐色，最后焦掉

② **即使我们往锅里加了油，黄油也一样会被烧焦？**

　　与我们正常的想法相反，在放了油的锅里加热黄油并不能阻止它被烧焦。只要周围的温度达到130℃，它一样会焦掉。在温度升高时，黄油就会被烧焦。简而言之，由于黄油被油稀释了，所以我们看到的棕色会比较浅，但是味道依然是苦的。如果要证实这一点的话，只需要将猛火加热过的黄油和油的混合物放入一只玻璃杯中，就可以观察到黄油从变黑到烧焦的过程。

③ **为什么澄清黄油不会被烧焦？**

　　一旦我们提取了黄油里在高温下会被烧焦的成分，也就是蛋白质和乳糖，那么剩下的就是和油一样的脂肪物质了，它的起烟点是（不超过）250℃。

　　您甚至可以用它来炸薯条！

　　1. 将黄油放进蒸锅里隔水融化。

　　2. 撇去漂浮的颗粒。

　　3. 将融化的黄油倒在纱布上过滤，注意，不要将底部白色的乳清倒进去。让其冷却并放在阴凉处保存。

④ **为什么煎肉或者烤肉快要做好时加入黄油会特别美味？**

　　黄油具有普通食用油没有的味道。当烹饪快要完成时加入黄油，既可以防止黄油被烧焦，又可以为您带来榛子黄油的香味。通常我们会同时加入香料，并且在烹饪完成前4～5分钟淋入黄油，使其产生美味的酱汁。

乳品和鸡蛋

奶酪

您难道不认为我们能用唯一的一种原材料——
牛奶就能做出那么多不同品种的奶酪是一件令人难以置信的事吗？

为什么产自同一山谷的奶酪味道却不尽相同？

同一山谷两面的朝向各不相同。一面接受的日照可能会比另一面要多，因此两面的牧草和植物生长情况就会不一样，那么产出的牛奶品质也会不同，所以奶酪的味道也不尽相同。

为什么奶酪会有季节性？

虽然大部分"生产奶酪"的动物全年都会产奶，但是绵羊只有在十二月到次年七月之间才会产奶。另外，奶的某些特性也会因季节而异。春季，山羊、奶牛等动物在覆盖着肥美、优质牧草的田野中嬉闹追逐，这样比较容易产出高品质的奶。用优质的奶，我们自然可以生产出高品质的奶酪。如果在三月到七月（对于山上的动物而言会持续到九月）之间可以获取优质的奶，那么就必须考虑奶酪的成熟期，以了解奶酪产出的最佳季节。例如，四月到八月间生产的小山羊奶酪（cabécou）会比较美味，而圣奈克泰尔奶酪（Saint-Nectaire）则是九月至十月间生产的味道最好，因为它们成熟期更长。

从为什么到怎么做

为什么会有软质奶酪和比较紧实的硬质奶酪？

奶酪是我们用凝乳酶将牛奶凝结再压紧而制成的。在牛奶凝结的过程中，我们会让奶酪的水分自然排干，制成软质奶酪。而软质奶酪的兄弟——硬质奶酪［如：瑞布罗申干酪（reblochon）、圣奈克泰尔奶酪（Saint-Nectaire）、孔泰奶酪（Comté）、博福特奶酪（Beaufort）等］则会被我们用模具压成饼状，以去除奶酪中的水分和所有乳清，再等它慢慢地成熟。软质奶酪呈乳脂状，比较柔嫩，而硬质奶酪质地较硬且有弹性。

为什么有些素食主义者不吃奶酪？

奶酪是由加入了凝乳酶凝结而成的牛奶制成的。凝乳酶通常来源于动物。我们从未断奶的反刍动物的第四胃（皱胃，也叫"百叶"）中提取凝乳酶，或者通常是从小牛的皱胃中提取凝乳酶。由于奶酪中含有这种来源于动物的产品，所以一些素食主义者是不吃奶酪的。现在，为了满足素食主义者的需求，我们已经找到了用从植物中提取的凝乳酶来制作奶酪的方法。

为什么在奶酪的制作过程中要加盐？

当然，加盐是为了增加奶酪的味道，但盐还具有其他更重要的作用。它可以吸收水分，使得奶酪面团变得更加紧实，还可以杀死很多有害的真菌和细菌，使奶酪的表面结出一层硬的保护壳，这样可以延长奶酪的保存期限。

为什么我们说奶酪的成熟过程和葡萄酒的成熟过程有异曲同工之处？

奶酪的成熟，是指奶酪产生味道和香气的阶段，同时也是奶酪的颜色、表皮和质地发生变化的阶段。在这个比较长的一段时间里，奶酪在微生物（细菌、酵母菌、霉菌等）的作用下会发生转变，奶酪的特点会逐步显现。

为什么不要用同一种方式来切分所有的奶酪？

有的奶酪是有一层硬硬的奶酪皮，而有的奶酪则是流心的，有的奶酪呈金字塔状，而有的奶酪是心形的。理想的切分方法是，每个人都能分到质量均等的奶酪：同样多的奶酪皮，同样多的流心等。但有一个例外，就是蒙多尔(Mont d'Or)奶酪和埃波瓦斯(époisse)奶酪这种流动的软奶酪，在分享这类奶酪时，我们需要一把勺子。

卡门贝尔奶酪（Camembert）
或瑞布罗申干酪（reblochon）
或圣奈克泰尔奶酪（saint-nectaire）

格鲁耶尔奶酪（Gruyère）
或孔泰奶酪（comté）

布利奶酪（Brie）

绵羊奶酪砖（Briquette de brebis）

马卢瓦耶干酪（Maroilles）
或蓬莱韦克干酪（pont-l'évêque）

为什么奶酪通常用木质的盒子来包装？

用木质的包装来贮存奶酪有很多好处，因为木头里含有生物过滤膜。不要慌，这其实很简单！生物过滤膜是由微生物（细菌、霉菌、酵母菌等）组成的共生细胞群。这种生物过滤膜覆盖在奶酪上，可以在奶酪成熟的过程中起保护作用。另外，我们还注意到，木材也能很大程度地抑制李斯特菌（listeria）的生存与繁殖。

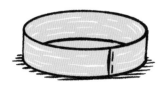

奶酪的知识

小故事

为什么有的奶酪上会有蓝绿色的霉菌？

传说有一个牧羊人，将一片放着一小块羊乳干酪的黑麦面包遗忘在了山洞的深处，就出门去看望他的"美女"了。回来后，他在奶酪上发现一些蓝绿色的条纹。他尝了一下，并疯狂地爱上了这种味道，于是，罗克福奶酪（roquefort）就诞生了。罗克福奶酪上的这些霉菌是一种真菌，即罗氏青霉菌（Penicillium roqueforti），当我们将黑麦面包放在高温下烘烤，使其产生焦脆的外皮，并保留柔软和湿润的内心时，就会产生这种真菌。我们将这些面包在地窖中放置两个月，使得罗氏青霉菌可以生长繁殖。现如今，这种真菌已经可以从树桩上培育出来了，人们已经很少再用黑麦面包去繁殖它了。

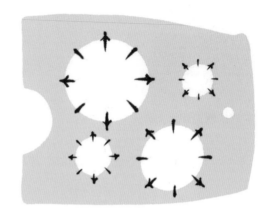

砰！

为什么埃曼塔奶酪（EMMENTAL）上会有许多小孔？

也就是几年前人们才从科学角度去论证了这个问题。在挤奶的过程中，干草上的小颗粒（也就是所谓的"微粒"，因为它们实在是很小）会掉进牛奶里。在发酵的过程中，这些微粒散发出的二氧化碳会产生一个个小孔并且使埃曼塔奶酪块膨胀起来。但令人感到遗憾的是，这些小孔会逐渐消失，因为现在的挤奶系统非常的精确，精确到没有任何东西会掉进奶里，包括这些微粒。今后我们将看到的是没有小孔的埃曼塔奶酪。

为什么半软荷兰干酪（MIMOLETTE）是橙色的？

在17世纪，科尔贝尔（译者注：Colbert，路易十四时期法国著名的政治家）下令禁止从荷兰进口这种半软荷兰干酪（mimdette）。为了能够辨别法国产的半软荷兰干酪，人们用胭脂树（一种小灌木，它的果实干燥后可以作为食用色素使用）为奶酪染色。就这样半软荷兰干酪被染成了橙色，当然胭脂树也可以用来为其他奶酪染色，如阿维尼斯奶酪球（boulette d'Avesnes）或是车达奶酪（cheddar），甚至可以用来给黑线鳕鱼片上色。现在，产自荷兰的这种半软荷兰干酪也会用胭脂树染色。

为什么有灰色的山羊奶酪？

有些山羊奶酪表面的颜色看起来像一层浅浅的灰。如果现在有些灰山羊奶酪上还有这层灰白色的灰的话，这已经是很难得的了。实际上，人们会往牛奶里添加一些可食用真菌（如青霉菌或者念珠菌）来制造这层美丽的灰色奶酪皮。

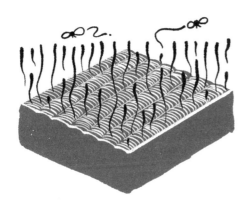

为什么有的奶酪的味道闻起来很刺鼻？

奶酪的外皮上有一个疯狂的世界：这里住着细菌、酵母菌、霉菌等各类菌种，其中有一些分子会蒸发变成气体钻进我们的鼻子里。就是这个时候，我们会闻到奶酪的气味，而有些分子的味道比其他分子更刺鼻。例如，某些橙色奶酪，如埃波瓦斯奶酪(époisse)或者马罗伊奶酪(maroilles)的外皮中存在的短杆菌属细菌(bactérie Brevibacterium)会产生甲硫醇，这是一种味道很刺鼻的硫化物。但是这种气味完全无法掩盖奶酪本身的魅力。

还有奶酪能拉丝？

能拉丝的奶酪是因为它的成分里包含了长链蛋白质。在高温的作用下，这种蛋白质溶解了，融合在一起，形成了长长的丝。如果您想将奶酪的丝拉得长一些，就必须一直朝着一个方向搅拌奶酪。

惊奇！

为什么有的奶酪中会有盐粒？

虽然口感很脆，吃起来有点咸，但其实这并不是盐。这些小晶体是奶酪成熟过程中聚积起来的蛋白质。这是高品质奶酪的象征。

为什么我们在品尝奶酪时会提到"鲜味"（UMAMI）这个词？

在日本，"鲜味"(umami)表示一种"可口的味道"。在奶酪里，我们发现了很多鲜味。鲜味会让我们流口水，而且鲜味能够通过平衡食物的味道和增加圆润的口感给人们带来幸福感。我们发现母乳里也有这种鲜味，这和奶酪有着异曲同工之妙。

小常识

为什么白葡萄酒比红葡萄酒更适合搭配奶酪？

3/4以上的奶酪和白葡萄酒更搭，尽管这并不符合人们的习惯，来听听我的解释吧：

1. 红葡萄酒的单宁会与奶酪的脂肪发生冲突，并产生一些铁的味道，令人感到不适。

2. 某些软质奶酪持久的味道会破坏红葡萄酒的味道和质感，这是件令人非常遗憾的事。

3. 某些白葡萄酒的酸味和清淡的口感能够中和掉奶酪的油腻。

试试看用白葡萄酒来搭配奶酪吧，那种感觉真的很奇妙！

鸡蛋

为什么会有鸡？因为有鸡蛋呀。那为什么会有鸡蛋呢？
您先好好思考一下这个问题吧！

已证明！

为什么鸡蛋是椭圆形的而不是圆形的？

刚开始的时候，鸡蛋是一颗卵，然后变成了蛋黄，再然后渐渐被蛋清包裹并且产生了保护它的蛋壳。在整个过程中，鸡蛋都是圆的，像一颗弹珠一样可以随意滚动。但是，要把这个有点大的球体从泄殖腔里排出，母鸡就必须改变它的形状了。母鸡出现类似宫缩的现象，鸡蛋就会由圆形变成椭圆形，并且会变窄，这样才更容易出来。

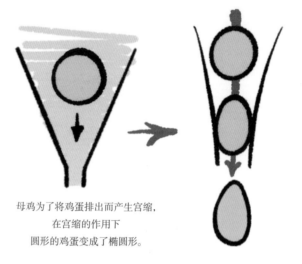

母鸡为了将鸡蛋排出而产生宫缩，
在宫缩的作用下
圆形的鸡蛋变成了椭圆形

色彩差异！

为什么鸡蛋会有不同颜色？

鸡蛋的颜色取决于母鸡的品种。这个问题解释起来还真是很复杂！克雷夫科尔鸡（Crèvecœur）生出来的鸡蛋是完美的白色，农场的红母鸡下的蛋是米色的，马朗鸡（Marans）下的蛋完全是巧克力色的，而阿劳卡娜鸡（Araucana）下的蛋则是蓝绿色的！举个例子，在美国，我们看到的鸡蛋通常都是白色的，而在法国，米色的鸡蛋则比较常见。这是文化差异，也是饲养的问题。在美国，产蛋母鸡的主要品种是白来航鸡（White Leghorn），这种鸡体型很小，产蛋量高，饲养成本低，养殖所需的空间也不大（因为它很小）。因此养殖这种下蛋鸡的成本要低于产米色蛋的鸡的养殖成本。

惊奇！

为什么鸡蛋有时很坚韧，有时又很脆弱？

椭圆形是一种在垂直方向上最坚韧的形状，但同时也是在水平方向上最脆弱的一种形状。一只鸡蛋，蛋壳的厚度大概在0.2～0.4毫米。在垂直方向上，尖头朝上放置，最大可以承受60千克的重量，但如果把鸡蛋侧着放的话，要将蛋壳打破所需的重量就会小得多。研究人员做了个有趣的实验，他们计算往鸡蛋上叠加堆放多少个装鸡蛋的纸盒才会把鸡蛋压碎：他们得出的结果数量惊人，要把600个纸盒一个叠着一个地压在鸡蛋上，下面的鸡蛋才开始破裂。

为什么鸡蛋里没有小鸡？

一只鸡蛋包含胚胎发育所需的一切：保护能力和所需的营养。然而对我们可爱的小母鸡而言，很遗憾，它们没有与公鸡发生过"亲密关系"（但幸运的是我们有口福了），因此也就没有受精。所以我们吃的都是处女蛋，可以放心食用。

为什么不是所有鸡蛋黄都那么黄？

这主要取决于母鸡吃的食物以及食物中所包含的胡萝卜素。胡萝卜素，是的，就是胡萝卜素。这是为胡萝卜带来美丽橙色的一种色素，这种色素在牧草里也很常见。母鸡们在草地上尽情地嬉戏，吃着草丛里美味的虫子、颗粒饱满的谷物、鲜美的青草，因此它们可以摄入一定量的胡萝卜素，那么它们下的蛋的蛋黄就是橘红色的，富含omega-3。而它们的某些朋友，那些一辈子待在棚子里，每天被喂得饱饱的母鸡，它们下的蛋的蛋黄就是浅黄色的，这些母鸡也真够可怜的。

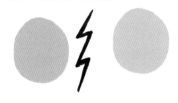

为什么鸡蛋里会有个小气囊？

在母鸡下蛋时，鸡蛋会遭受一个热冲击，从母鸡体内温度（41℃以上）一下降到室外的温度。在这个热冲击的过程中，鸡蛋会变冷，收缩，并且在鸡蛋较大的那一端会形成一个小气囊，我们称之为"气室"。

注意！

为什么有些鸡蛋里会有两个蛋黄？

这会让孩子们非常开心：一只鸡蛋里有两个蛋黄，是多么神奇的事啊！那么他们就会提问题了："妈妈，爸爸，这是一只有魔法的蛋吗？"这时候，您就可以调出您的科学储备，跟他们解释，两个蛋黄通常是小母鸡的输卵管堵塞造成的。您不知道什么是"输卵管"吗？好吧，现在来解释一下。输卵管是卵子从卵巢到生殖器开口之间的导管。因此，两个卵子同时进入了一条输卵管，也许是第一个到达输卵管的卵子跑得不够快，被第二个卵子追上了，也可能是第二颗卵子排出得太早了，它被装上了"涡轮发动机"，所以追上了第一个卵子。随后，两个卵子外面形成了同一层蛋壳。双黄蛋就形成啦！这可不是用什么工业手段制造的哦。

啪嗒！

为什么不新鲜的鸡蛋会漂浮在水面？

存放的时间越久，蛋清就越干，因为其中所含的一部分水分会透过蛋壳慢慢地蒸发掉。蛋清变得越干，就会缩得越小，那么鸡蛋里的空间就会越来越大，同时鸡蛋里的小气囊也会变得越来越大。在某个时刻，当这个气囊变得足够大时，鸡蛋就会像一个充了气的浮标一样，在水中漂浮。

鸡蛋的知识

注意啦！技术问题！

为什么鸡蛋上会打印着一些数字？

因为每个鸡蛋看起来都差不多，因此必须为每个出售的鸡蛋印上一个号码。这个号码包含了几个非常重要的标示，从某种程度上来说，就像鸡蛋的身份证一样。

②

③

其次有一个最佳食用期限，也就是保质期。

还有产蛋母鸡的**饲养类型**：

0表示有机饲养的母鸡

1表示在室外饲养的母鸡

2表示在大棚里的土地上饲养的母鸡

3表示在笼子里饲养的母鸡

最后，还会用一到两个字母来表示**饲养的国家**，例如：FR表示法国，后面还会有一串代码用于认证原产地。

①

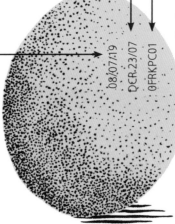

08/07/19　DCR.23/07　0FRKPC01

首先有一个**产蛋的日期**：距离这个日期9天以内的鸡蛋被认为是"非常新鲜"的，用这种鸡蛋的生蛋黄或者半生的蛋黄来做任何料理都很完美，如蛋黄酱，以蛋黄为基底的调味汁以及蛋糕等。

注：此为法国标准

惊奇！

为什么鸡蛋不能用水清洗？

当然，母鸡会随地大小便，而它们的蛋也可能被它们粪便中的细菌所污染。但是，大自然真是个很好的造物主，在母鸡下蛋前，就用一层黏稠的液体将鸡蛋包裹了起来，形成了一层很薄的保护膜，我们称之为"角质层"。这层膜可以阻止细菌穿过蛋壳。如果您用水清洗了鸡蛋，就等于清除了这层保护膜，将全身是孔的鸡蛋交给了细菌。

保护膜覆盖着鸡蛋的整个表面

为什么要尽量避免鸡蛋的内部和蛋壳的外部接触？

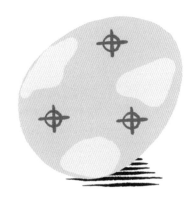

我们一直反复强调同样的问题：蛋壳的外面是真正的细菌之家。如果您的蛋黄或者蛋清接触了蛋壳的表面，就有可能接触到细菌。一个厨房小窍门就是，打鸡蛋时一定要选最干净的一头敲破，以避免造成污染。

更多信息
为什么要把破裂的鸡蛋扔掉？

大量的细菌堆叠在鸡蛋的裂缝里，它们可以穿过裂缝并污染鸡蛋。所以我们建议扔掉破裂的鸡蛋，以避免一切患病的风险。

破裂的蛋壳会让细菌进入鸡蛋内部

为什么处理过鸡蛋后要洗手？

也许您并没有洗手的习惯，但您一定听到过这句话，不是吗？蛋壳表面布满了细菌！当您用手去触摸蛋壳时，您就沾染了一部分细菌。我们一定要在触摸过蛋壳后马上就去洗手，在烘焙蛋糕时更要及时洗手。

健康小贴士！
为什么不要将鸡蛋放进冰箱里保存？

您可能会看到法国的商店里，鸡蛋都是放在室温下销售的。原因是在冰箱里，由角质层形成的细菌防护作用会减弱，细菌会在鸡蛋表面扩散，并且蛋壳上会出现很多小孔。鸡蛋被有害细菌渗透的风险要大得多。

为什么有些国家的鸡蛋是放在冰鲜货架上出售的呢？

在法国，在把鸡蛋卖给消费者前是禁止用水清洗的。但是，在别的国家，是允许这样做的。从鸡蛋被清洗的那一刻起，角质层将不复存在，而蛋壳也将无法保护鸡蛋不受细菌的侵袭。因此人们会将鸡蛋放进冰箱里贮存，但是这样的鸡蛋保质期非常短。

为什么一定要注意最佳食用期限呢？

正如我们所见，这是因为蛋壳失去了保护功能。但最重要的是，蛋黄膜也有一定的保护作用，当它变质后，沙门氏菌就在那里找到了适合它们生存繁殖的环境。鸡蛋不像未开封的罐头，保质期可不是开玩笑的！

鸡蛋的知识

为什么人们有时会将鸡蛋放在装有松露的广口瓶中贮存？

首先，鸡蛋的外壳上有许多小孔。其次，松露会散发出很多香味。您了解其中的奥妙了吗？当把它们同时装在一个密封的广口瓶或是密封的罐子里放置48小时，鸡蛋有足够的时间来深度汲取松露散发的大部分香气。这样，就算不添加任何东西，您的鸡蛋也会有松露的味道。简直棒极了，不是吗？

为什么生鸡蛋比煮熟的鸡蛋旋转的速度要慢？

您无法判断鸡蛋是生的还是已经煮熟了？让鸡蛋旋转起来：生鸡蛋很快就会停下来，而煮熟的鸡蛋将会旋转很长时间。为什么呢？因为生鸡蛋里面是黏稠的液体。当我们让它旋转时，鸡蛋里面的成分很难移动，并且会与蛋壳产生摩擦，从而使鸡蛋停止转动。而煮熟的鸡蛋，里面是固体，所以煮熟的鸡蛋是一个整体在旋转。

一只生鸡蛋不会转很长时间

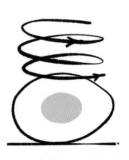

一只煮熟的鸡蛋却相反！

为什么蛋清能够被打发？

当我们将蛋清打发时，蛋清中混入了大量的空气。具体原理如下：蛋清中含有表面活性蛋白质，也就是说它们遇水和空气时会融合在一起。例如当我们通过用搅拌器不断搅打的方式往蛋清中注入空气时，这些蛋白质就会变成气泡，而蛋清中所包含的水分则会维持这些气泡的稳定。我们搅打的次数越多，分离出的小气泡数量就会越多，而这些表面活性蛋白质就会稳定地黏合在一起。这就是我们想要看到的结果，只要打蛋的时间够长，打发的蛋白就会变得坚挺起来。

为什么有时又无法打发蛋清呢？

蛋清中不仅仅含有能够让它们变硬的表面活性蛋白质，还包含疏水性蛋白质。如果蛋清里面不小心混入了蛋黄的话，那么疏水性蛋白质就会压制住表面活性蛋白质，那么蛋就无法被打发了。

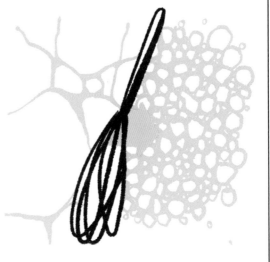

打蛋器将空气混入蛋清中的
表面活性蛋白质中

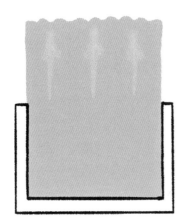

水蒸气在舒芙蕾中上升

为什么舒芙蕾会膨胀？

我们经常看到这样的说法，因为"随着温度的上升，空气的体积增大了"，因此舒芙蕾会膨胀。的确，这确实会产生一定的影响，但这种影响其实很小，空气受热膨胀，体积只会增长25%，而舒芙蕾在加热的过程中，体积增大了整整3倍。那么，让我们来看看到底发生什么？在烹饪的过程中，料理中的水分受热后转化成了水蒸气。水蒸气上升的同时鸡蛋里的蛋白质也在逐渐地凝结，并且最终黏结在一起。当您把它切开时，蒸汽会突然冒出来，舒芙蕾就会塌陷了。

为什么要在刚开始烹饪时将舒芙蕾的表面烤至上色？

这样做的话，蒸汽会让我们的舒芙蕾膨胀，并且可以完全防止蒸汽散发出去。如果我们先把舒芙蕾的表面烤至上色，那么就会让舒芙蕾的表面结了一层脆壳，这样蒸汽就无法穿透啦。结果就是，我们的舒芙蕾会发得更高。

鸡蛋的知识

为什么炒鸡蛋或是煎蛋卷的时候要先放盐?

这和用盐腌制肉类和鱼类完全是一个道理。盐会改变蛋白质的分子结构(请参见"盐")。分子结构一旦被改变,在烹饪的过程中这些蛋白质就不容易蜷缩变形,析出的水分也会更少。对比的结果就是,如果您在炒鸡蛋或者煎蛋卷前15分钟放盐的话,做出来的蛋会没那么干,并且更加软嫩、多汁。另外,您还会发现提前放盐的鸡蛋做出来颜色会更黄一些。那是因为一旦蛋白质被分解了,就会变得不怎么透光了。

`惊奇!`

为什么煮鸡蛋的时候蛋壳上会有小气泡冒出来?

在烹饪的过程中,蛋清里的水分会转化成蒸汽。由于蛋壳上布满了小孔,因此蒸汽会穿过蛋壳,变成小气泡上升到水面。

为什么当我们用沸水煮鸡蛋时蛋壳会裂开?

当您用沸水煮鸡蛋时,鸡蛋会被一堆气泡簇拥着同时被顶出水面,然后再掉落到锅底。这种相互碰撞,会让蛋壳结构变得脆弱,最终蛋壳上会产生裂缝,蛋清的纤维就会从裂缝中挤出来。因此,尽量使用温度低于沸点的水来煮鸡蛋,以防止鸡蛋破裂!

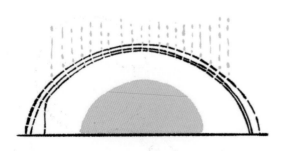

还有，为什么用微波炉煮鸡蛋会爆炸呢?

微波炉的烹饪速度非常快，以至于蒸汽来不及穿过蛋壳，压力就像在一口高压锅中一样上升，直到蛋壳破裂，鸡蛋爆炸。

关于蛋清和蛋黄的四个问题

1 为什么蛋清原来是浅黄色的液体，但煮熟后就会变成白色呢?

因为液体蛋清凝固后，光线被散射了。好吧，让我来解释。这是个有点技术性的问题，但很容易理解。蛋白质通过氢键连接在一起，从而形成了一定的空间结构。但是，从70℃开始，高温就会引起热搅动，从而破坏这些氢键。蛋白质被解开了，而它们的肽链却紧密相连。这种连接会散射光线，随之产生了不透明的蛋白。很简单，不是吗?

2 为什么蛋清在煮的过程中会变硬?

从60℃开始，蛋清中所含的蛋白质之一——卵转铁蛋白就开始凝固，蛋白呈凝乳状。这时候的煮鸡蛋是最完美的。

到了70℃左右，凝乳状蛋白开始变硬，但依旧保持着湿润的口感。这个时候，已经是完全煮熟的鸡蛋了。

从80℃开始，鸡蛋中的蛋白质之一——卵清蛋白开始凝固并且它让蛋白变得很干。好吧，这个时候鸡蛋已经煮过头啦。很遗憾。

3 为什么蛋黄在煮的过程中也会变硬?

水温低于65℃时，蛋黄还是流动的，这是最好的煮鸡蛋!

从65℃开始，蛋黄中的蛋白质之一——卵磷脂开始变稠，这个时候的煮鸡蛋是完美的溏心蛋。

从68℃开始，卵磷脂开始真正地凝固，蛋黄就完全变硬了。

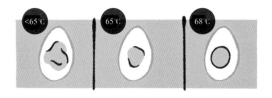

4 为什么煮鸡蛋的蛋清已经凝固而蛋黄还是稀的?

因为蛋清就像一座堡垒一样，所以热量需要经过较长的时间才能传递给蛋黄。蛋清吸收了烹饪过程中的大部分热能，并且将其周围的温度稳定在60℃左右。煮3分钟后，热量才传递到蛋黄，蛋黄才开始被加热。因此，如果您想煮出一颗热乎乎的溏心蛋，那么烹饪时间不要超过4分钟。

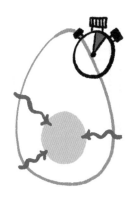

米

普通米、糯米、糙米、掺杂了其他成分的米，
米做成丸子或是加入牛奶中烹饪，世界各地吃米的形式五花八门。
在您的厨房里，会出现什么样的米呢？

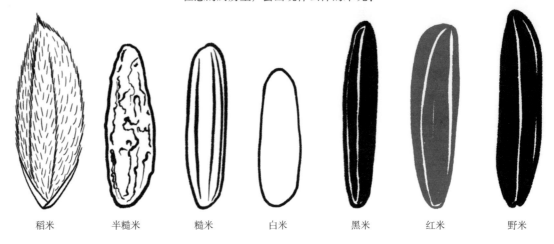

| 稻米 | 半糙米 | 糙米 | 白米 | 黑米 | 红米 | 野米 |

为什么会有白米、糙米、黑米和红米之分呢？

米的颜色取决于它们被提炼和加工的程度。

稻米是刚刚收割的谷物。它们外面还包裹着稻壳，是无法直接食用的。在此基础上人们研发出了许多不同品种的大米。

棕米（又叫糙米或者全米）是剥去外壳的大米，但仍然保留着麸皮和胚芽，因此人们也会称之为"全米"。

半糙米就是将糙米轻微抛光，以打薄麸皮的厚度。它也是一种富含矿物质的米。

白米是最精细的米，稻壳、蛋白质基和胚芽都已经被去除了。这种米实际上已经损失了2/3的矿物质。

黑米是产自中国的一种糙米，现在也在意大利的波谷种植。它的麸皮是黑色的，但米粒是白色的。

红米也是一种糙米，它的麸皮特别厚，在烹饪的过程中米粒的粉红色会变得特别明显。

野米其实并不是真正的稻米，而是一种杂草科的草本植物（我没有在开玩笑，这是真的），它是生长在水里的。

为什么大米会有圆形和长形之分呢？

这是谷物的两种形状：圆形和长形。这两种形状的大米是最常见的。印度大米，米粒又长又细。日本大米，米粒椭圆。长米的黏性稍差，所以一般用来作为菜肴的佐餐。圆米的黏性较好，因为它们的淀粉含量相对比较高。这种类型的大米适合用来做意大利烩饭、西班牙海鲜饭、寿司和甜点。

为什么泰国糯米那么黏？

这种特殊的大米特别适合蒸着吃，因为它富含支链淀粉（amylopectine）。是的，支链淀粉是什么？您不知道什么是支链淀粉？不，不，这可不是某家时尚酒吧的名字。支链淀粉是常见淀粉的主要组成部分。并且，正是这种支链淀粉，使得糯米变得非常黏稠而且很耐嚼。

如何让硬粒米不容易粘在一起？

大米煮熟后，谷物中包含的一些淀粉会分解出来，它们的表面就会变得黏稠，米粒会粘在一起，结成块。为了使大米不粘在一起，就必须防止淀粉的析出。因此，制造商们发现了一个绝对可靠的技巧——蒸饭。将大米放在105℃的水蒸气中蒸熟。这种蒸饭的方法可以将淀粉转化成明胶，在烹饪的过程中米粒会被这些明胶包裹起来。啊哈，米饭就变得粒粒分明啦！

为什么煮饭前要将白米用水淘洗？

因为谷物的表面有一层淀粉，使它们很容易粘在一起。煮饭前淘米的做法就是为了避免这个问题，尽管这样做在烹饪的过程中大米中仍然会有部分淀粉流失。

一定要在煮饭前将大米反复淘洗几次，直到淘米水不再发白为止。

通过在105℃的温度下蒸煮，淀粉留在了米粒里，大米就变得粒粒分明了

用水冲洗过的米在烹饪过程中流失的淀粉较少，并且不太容易粘在一起

为什么糙米、黑米和红米的烹饪时间比白米的烹饪时间要长？

这些米都属于糙米，保留了麸皮。这层麸皮需要更长的烹饪时间，同时它们还减缓了水渗透进米粒里的速度，从而进一步延长了烹饪时间。想要减少烹饪时间的最好办法就是煮饭前先将大米浸泡1小时，让它们的麸皮先吸饱水分，这样在烹饪的过程中，水就能更快地渗透进米里了。

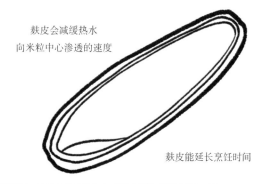

麸皮会减缓热水向米粒中心渗透的速度

麸皮能延长烹饪时间

为什么煮饭的时候要盖上盖子？

从开始煮饭到发现米已经均匀受热时，我们就需要把火力调小，并且盖上锅盖，把蒸汽留在锅里。这样一来，大米会在蒸汽产生的热量中膨胀，而不是水中。不要揭开锅盖，不要搅拌，饭煮好后我们可以用叉子将米饭拨开。

先开着盖子把米煮开，然后转小火焖煮，并盖上锅盖

意大利烩饭和西班牙海鲜饭

啊，意大利烩饭！还有西班牙海鲜饭！这两道阳光美食的共同特点就是都有米饭、高汤和地中海的味道。但是，请注意，千万别指望用做西班牙海鲜饭的米做出好吃的意大利烩饭，反之亦然！

为什么意大利烩饭的米有时比较硬而且还有奶油味？

并不是米有奶油味，而是调味汁。让我来解释。米的中间比较硬是因为米煮得还不够久，而米的外面却已经开始膨胀并且略有嚼劲，是因为外面已经煮熟了并且吸满了高汤。而奶油味和这些都没有关系，它其实来自米粒表面含有的大量淀粉。当米在高汤中煮熟的时候，这种淀粉会凝结，让米饭粘在一起，使高汤变得黏稠，从而形成一种奶油状结构，并附着在米饭上。忘了B叔大米（riz de l'Oncle B）、硬粒米和其他的印度香米吧！那些根本不是做意大利烩饭的米。

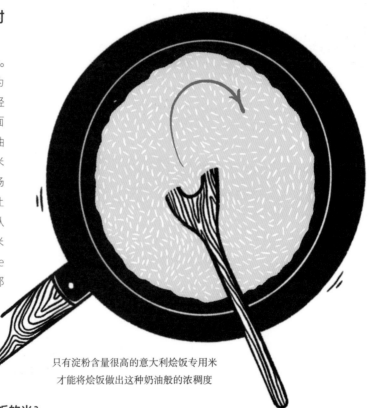

只有淀粉含量很高的意大利烩饭专用米才能将烩饭做出这种奶油般的浓稠度

为什么要精心挑选制作意大利烩饭的米？

制作意大利烩饭的米全都来自意大利北部的波谷。

卡纳罗利米（Carnaroli）被誉为制作意大利烩饭的"米中之王"。这种米的淀粉含量最高，做出来的烩饭奶油味最浓。

阿保利奥米（Arborio）是最普通最常见的意大利米，但它在煮熟后很容易裂开，所以煮的时候要格外小心。

维尼龙纳米（Vialone Nano）煮出来的烩饭比较稀，流动性较大。在意大利，人们说用这种米做的烩饭会给人带来一种置身"潮汐中"的感觉。这种米是威尼斯人的最爱。

马拉泰利米（Maratelli）是20世纪初通过自然杂交培育出来的水稻。这种米颗粒较小，但非常耐煮。

巴尔多米（Baldo）是一种颗粒较长的米，这种米有很强的吸收能力，用这种米煮出来的烩饭奶油味特别重。

为什么制作意大利烩饭除了用大米还可以用其他谷物？

大米是作为意大利烩饭主料的一种谷物。因此，即使使用其他谷物也并不会从根本上改变这个配方，否则的话这就不是真正的意大利烩饭了，因为里面没有米。如果一定要选择一种谷物替代大米的话，要选那种会释放一些淀粉的谷物，才能产生轻微的奶油味。因此，可以尝试用大麦、燕麦、双粒小麦、葵花子或者荞麦等。使用这些谷物虽然烹饪的时间通常比较长，但是做出来的意大利烩饭会和用米做出来的一样美味。

为什么意大利烩饭米在煮之前不能淘洗？

对这道菜而言，我们选择的米必须含有很多淀粉。如果您画蛇添足地将谷物上的一部分淀粉冲洗掉的话，您做出来的意大利烩饭就会没有一点儿奶油味。以宙斯之名起誓，千万不要用水去清洗意大利烩饭米！

为什么说无须将米粒炒出珍珠般的光泽？

人们常说在煮意大利烩饭前"要用油将米炒至半透明状"。那么在这个过程中到底发生了什么呢？

米粒在加热后会因为淀粉开始转化而变得通透，每粒米都被包裹上了一层油脂，而油脂会反光（并不是真的变成了半透明状）。这种脂肪覆盖在米粒表面，减缓了高汤的渗透速度。因此，淀粉需要更长时间才能释放出来，米粒吸收高汤的时间也会变得更长。

但即使是经验丰富的意大利大厨掌勺，这样做的效果也并不怎么明显。

所以无论您是否将米粒炒出珍珠般的光泽，最后的烹饪结果没有任何区别。

为什么在刚开始做意大利烩饭时要加入白葡萄酒？

意大利烩饭的奶油状结构会掩盖菜肴的味道。在刚开始烹饪的时候加入白葡萄酒，会为我们的菜肴增加一点点酸味，这种酸味可以激发并唤醒我们味蕾的活力。

为什么意大利烩饭可以提前做好？

意大利烩饭是可以提前做好的。实际上，大部分饭店老板都是这么做的。那么到底怎么做呢？

1.我们将大的金属托盘放进冰箱里冷藏30分钟左右，使其冷却。当意大利烩饭煮到2/3的时候，将其倒进这些金属托盘并摊开，米饭的厚度最高是5毫米。千万别超过这个厚度了，否则需要冷却的时间就太长了。

2.我们将这些大托盘放进装有风扇的冷藏柜，这些风扇可以让米饭快速降温。等待2~3分钟，意大利烩饭就冷却了。

3.然后我们在米饭上覆盖一层食品用保鲜膜，防止水分蒸发并且冷藏保存。

4.需要享用的时候拿出来加热煮熟就行了。显然，您在家里也可以这么做。将煮好的意大利烩饭放进冷冻柜冷冻15分钟，盖上食品用保鲜膜，然后放进冰箱里冷藏。提前4~5小时准备好。这样当您的朋友到的时候，意大利烩饭已经煮好了。

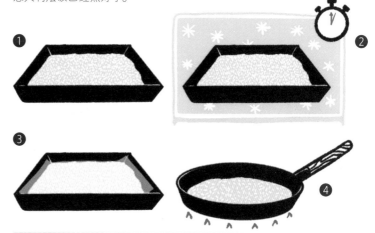

意大利烩饭和西班牙海鲜饭的知识

关于意大利烩饭高汤的两个问题

❶ 为什么我们可以把煮意大利烩饭的所有高汤一次性放进锅里?

　　首先,我们必须了解为什么人们经常说要"逐渐地加入高汤"。一旦我们理解了这一点,我们就会知道为什么我们可以更轻松地得到同样的结果。这并不复杂。高汤蒸发的程度完全取决于蒸汽需要通过烩饭表面的面积。因此,在同一口锅里,无论高汤的深度是1厘米还是5厘米,蒸发的速度都是一样的。另外,蒸汽通过的表面积越大,蒸发的速度就越快。由此可证! 虽然在我们的菜谱里,经常要求您少量多次地加入高汤,以确保汤汁的味道更加浓郁。但如果我们提前将汤汁的味道浓缩,不就可以将高汤一次性倒入锅里了吗? 这样做,简直就和变魔术一样,效果非常非常好。完全没有必要少量多次地加入高汤。您下次做意大利烩饭的时候,在米下锅前,先把高汤收汁,然后就可以一次性加进米饭里了,这和您没有收过汁的高汤少量多次地加入米饭里的效果完全一样。

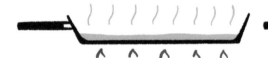

在同一口锅里,
1厘米的高汤的蒸发程度

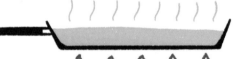

5厘米的高汤的蒸发程度
与1厘米的效果完全一样

❷ 为什么要用一口大的平底锅来煮意大利烩饭而不用炖锅呢?

　　这样做有两个好处:

　　1. 在煮意大利烩饭时,我们需要在较短的时间内将高汤里所含的水分蒸发掉,以得到浓缩的高汤。或者,换个思路,就像我们刚刚提到的那样,找一口表面积比较大的锅来煮高汤,蒸汽通过的表面积越大,蒸发得就越快。因此,对相同体积的液体而言,大的平底锅比小的炖锅里的蒸发速度要快得多。

　　2. 当我们用平底锅煮意大利烩饭时,米饭平铺开后厚度相对比较薄,这样米饭的下面和上面部分将会受热均匀。如果是在炖锅里煮的话(炖锅的直径通常比平底锅的直径要小),米饭的高度相对较高,那么下面的米饭熟得比上面的快。最后,我们会发现锅底的米饭和顶层的米饭差别很大。简直是彻彻底底的失败!

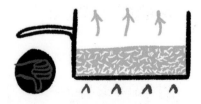

在炖锅里,米饭厚度对米饭能否
均匀受热而言非常重要

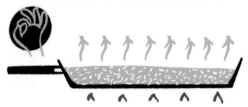

而在平底锅里,米饭厚度对米饭能否
均匀受热就没那么重要了

为什么做西班牙海鲜饭时要先翻炒肉类和鱼肉再加入大米？

当肉类或者鱼肉被煎至上色后会析出美味的汤汁。这些汤汁的一部分会留在平底锅里。如果此时您先加米再倒入高汤的话，这些汤汁就会混合进菜里并且为这道菜平添几分风味。鱼或肉煎好后，千万不要换锅，那样做的话汤汁的美味就都浪费了。

将肉倒入锅中后，
您就可以倒入大米了，
然后再加入高汤

为什么制作西班牙海鲜饭的米与意大利烩饭的米不同？

尽管这两道美食的烹饪程序很相似，但是最后做出来的成品却大相径庭。意大利烩饭上桌的时候，米饭伴随着浓厚的高汤，奶油味十足，而西班牙海鲜饭则是干的，没有酱汁。

瓦伦西亚米（riz de Valencia）是一种圆米，能够吸收自身体积4倍的高汤。煮熟后不会开裂，也不会黏合在一起。

庞巴米（riz Bomba）也被称为"米中之王"，是一种非常古老的品种，这种颗粒较短的大米煮熟后口感偏硬，并且能够保持颗粒分明。

巴伊亚米（riz Bahia）产自西班牙瓦伦西亚地区，颗粒较短，但吸水性是这几款大米中最好的。

阿尔比费拉米（riz Albufera）和制作意大利烩饭的米有些相似，它自带油脂并且口感偏硬，这种大米体积比较小。

最重要的是，千万不要用煮意大利烩饭的大米来制作西班牙海鲜饭，这无疑将会是一场灾难！

为什么煮西班牙海鲜饭要从制作浓缩高汤开始？

浓缩的高汤是一种味道更加浓郁的高汤，因为高汤里的一部分水分已经蒸发掉了。因此，菜谱里通常建议制作西班牙海鲜饭之前，先收汤。当然，您也可以直接使用已经制作好的浓缩高汤，这样可以大大地节省烹饪的时间。

制作意大利烩饭的米和西班牙海鲜饭的米品质大不相同：
制作意大利烩饭的米在吸收汤汁的同时释放淀粉，
而制作西班牙海鲜饭的米则只会吸收汤汁

为什么有时候我们会在菜单上看到黑色的意大利烩饭或黑色的西班牙海鲜饭？

不用担心，米饭没被烧焦。这道菜只是被某种成分染了色而已，用的就是墨鱼汁。这种墨鱼汁是墨鱼或者乌贼在受到攻击时启动的防御体系——墨鱼或乌贼隐藏在一团漆黑的不透明的浓雾里，给看不见它的攻击者致命一击。这种墨鱼汁可以将米饭染成深黑色，放在意大利烩饭、西班牙海鲜饭和意大利面里都非常美味。

寿司饭

我们在这里与您谈论的可不是大多数餐馆或是超市里贩卖的那种一团米饭上盖着一片冷冻鱼生的速食寿司。
我要给您介绍的是真正的寿司，由大师制作的寿司屋（sushiya）的寿司。
它是用一种特殊的米，经过考究的步骤制作出来的。

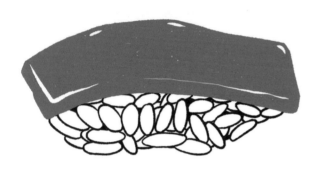

一枚寿司 = 80%的米饭+20%的鱼

为什么说寿司里最重要的部分是米饭？

我们通常认为，鱼的质量决定寿司的品质。呃，好吧，我们错了！寿司中最重要的成分是米饭。首先，因为它所占的比例最大，寿司正确的比例应该是80%的米饭和20%的鱼。然后，这一点非常重要，米饭是放在鱼片下面的，不是在两侧，也不是在上面，而是在下面。所以，是米饭最先与舌头发生接触，人们首先感受到的是米饭的味道。米饭的调味，将会率先打开并唤醒我们的味蕾，随之而来的才是鱼的味道。简而言之，要做出好的寿司，技术性非常强。关于鱼片的切法，这里暂且不赘述了。

为什么制作寿司的米如此特别？

用于制作寿司的圆米与制作意大利烩饭和西班牙海鲜饭的米相似，但它的淀粉含量比较低。在日本的不同地区种植着不同种类的大米，但是，与亚洲某些其他地区不同，日本的大米每年只收割一次。其中最重要的两个大米品种是味道浓郁且口感软糯的**越光米**（Koshihikari）和质地轻盈的**竹锦大米**（Sasanishiki）。大米是一种新鲜的、含水的种子，在收割下来以后是需要晒干的。为了防止大米晒得过干而导致味道流失，日本人会将寿司米放在阴凉处贮存，甚至会将它们放进冰箱保存一年。

为什么说寿司饭的调味配方是大厨们不愿公开的秘密？

按理说，寿司饭的调味料非常的基础：就是醋、糖和盐的混合。但是，每种调料的品质和比例，就因人而异了，每个厨师都有自己偏爱的味道，当然也根据他们所在地区的不同会有不同的调配比例。由于日本是一个位于两大洋衔接处的岛国，因此南北气候差异很大，南北地区捕到的鱼的品种也完全不同。寿司饭的调味也取决于盖在米饭上的鱼生的品种，以及各个大厨的口味偏好。此外，每位大厨对自己的配方都是讳莫如深。

关于寿司饭温度的三个问题

❶ 为什么每餐都要煮好几次寿司饭？

米饭煮熟后，放置30分钟左右，然后将其放在37℃的精确温度下保存。但是，它的味道会逐渐地发生改变，最后就不再美味了。所以，一间好的寿司屋，它使用的寿司饭是不会放置超过2小时的。为了保证给顾客提供最佳口感的米饭，他们在每一餐的不同时间点要煮好几次寿司饭。

❷ 为什么寿司饭要保持在精准的37℃食用？

37℃是人体的温度。您了解其中的关系了吗？当寿司放在舌头上时，米饭和嘴巴的温度应该没有差异，没有热冲击，即使是很小的热冲击也会影响寿司的味道。温度低于37℃的寿司饭会更硬一些，温度高于37℃的米饭会比较容易散开。使米饭保持人体的温度，能够略微温暖冰凉的鱼肉。而这两者间的温度差是品味一枚寿司最重要的标准。

❸ 为什么一枚好吃的寿司在吧台享用比在包间里享用更美味？

高级的寿司餐厅是不会把寿司端到您的餐桌上的，而是只能在吧台享用，并且一枚一枚为您分开制作（绝对不可能同时给您端上好几枚寿司）。理由很简单，寿司饭不能等。当寿司饭与鱼片接触后，会开始变冷，而鱼片，则会变热，这种温度的平衡就被打破了。而把寿司端上餐桌的这段时间对保持米饭与鱼片的温度差而言显然已经太久了。寿司必须立刻食用！

正确的方法

为什么寿司饭千万不要蘸酱油食用？

这样做太失礼了！绝对不要在寿司屋里做这件事，您将会看到主厨抗拒的眼神！我们千万不能用寿司饭蘸取酱油食用，但这是为什么呢，主要有两个原因：

1.寿司饭会在酱油里散开。

2.寿司饭吸收了酱油，味道就会发生改变，并且彻底打破寿司口感的平衡。

因此，在品尝寿司时，如果您实在想要给寿司增加一些味道，那么您可以用筷子夹住寿司，将其翻转到鱼片那一侧，再用筷子夹起寿司，将鱼片在酱油里轻轻地蘸一下。然后一口吞下，这才是品尝寿司的正确姿势。

注意！

为什么我们说千万不要将筷子插在碗里的米饭上？

请记住，永远不要在日本，甚至是日料餐厅里做这件事，否则会引起周围人的极度不适。因为，在佛教的丧葬仪式上，人们会在死者的祭坛上放一碗插着筷子的米饭，作为祭祀品。

意大利面

坦率地说，我想象不出如果没有意大利面，我们生活将会变成怎样？

我们可以往意大利面里添加五花八门的调味汁……啊，但是请注意，

这并不意味着我们在煮意大利细面条和调味酱汁时可以任意而为！下面让我来解释。

色彩差异！

为什么会有干意大利面和鲜意大利面之分？

干意大利面主要产自意大利南部，这里气候炎热并且经济没有意大利北部地区发达。干意大利面是用水和硬质小麦面粉制成。这种小麦不经过加工是无法食用的，它的抗旱能力非常强，还经常被用来制作古斯古斯饭（couscous）和土耳其小麦饭（boulgour）。在晒干前，这种意大利面会被加工成各种形状，因为它们的黏合性非常好。

鲜意大利面产自意大利北部，该地区气候寒冷并且比意大利南部地区要富裕。鲜意大利面是用水和软质小麦面粉制成。这种小麦比较耐寒，因此我们通常会将这种小麦制成面粉，并且往面粉里加入鸡蛋，以增加味道和改变它的质地。鲜意大利面通常是纯手工制作，制作工序和烹饪的过程都要比干意大利面要考究。

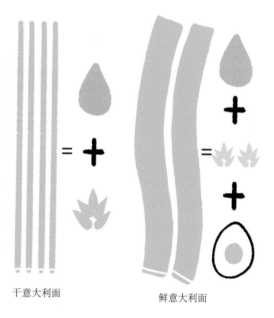

干意大利面　　　　　　　鲜意大利面

关于意大利团子（gnocchi）的两个问题

①　为什么说意大利团子不是真正的意大利面？

意大利团子（真正的意大利团子，不是工业加工的面团）源自意大利北部，是用面粉、鸡蛋和土豆泥制成的面团。然后，将面团搓成长条，再切成小段，用拇指在其上方按压形成一个凹面。接下来用意大利团子模具（一个带有木纹的小木板）或者用叉子在面团上压出纹理，这样团子可以更好地挂住酱汁。将团子放在沸水中煮2分钟，当它们漂在水面上时，再将其倒进一口装有调味汁的平底锅里（保留一点儿煮面的水）。继续煮1～2分钟关火，装盘。意大利团子真的和意大利面没什么关系。

②　为什么它们煮熟后会漂到水面上来？

实际上，这和烹饪水平完全无关，但解释起来很有趣。当水沸腾时，气泡会浮出水面。在气泡上升的过程中，某些较小的气泡会粘在团子上。一段时间后，意大利团子上就会挂满小气泡，这些小气泡会像浮标一样将团子们"抬"到水面上。幸运的话，气泡挂满团子的时间会和团子煮熟的时间差不多。但这并不意味着意大利团子是煮熟了才会漂到水面上来的。

为什么说意大利面的表面非常重要？

那是因为意大利面的表面需要挂汁，天呐！意大利面的表面越光滑，那么调味汁在上面就越难停留；意面的表面越是凹凸不平，能够附着的调味汁就越多。最便宜的意大利面通常都是最光滑的，因为它们都是用塑料模具压出来的，这样做可以节省大量的生产时间。高品质的意大利面是用黄铜或者青铜模具压制的，生产过程要慢得多，但是这种模具可以使意面产生不规则的表面，这样就能挂住更多的酱汁。带条纹的意大利面通常会搭配比较稀的调味汁。

注意啦！技术问题！

为什么天使发丝意面（CAPELLINI）、意大利细面条（SPAGHETTI）和扁细意面（LINGUINE）搭配液体调味汁堪称完美？

我知道又细又长的意大利面和液体调味汁很搭，这听起来有些不可思议。从逻辑上讲，我们将液体调味汁淋在意面上，这些酱汁会瞬间沉到盘子底。呃，其实吧，完全不是这样的！之所以这么说有如下两个原因。

1. 首先，这就是一个简单的关于"交换表面"的问题，这里所谓的"交换表面"就是指酱汁所附着的表面。这个面积越大，酱汁留下的味道就越重。您听懂了吗？借助这张图表可能更容易让您理解。

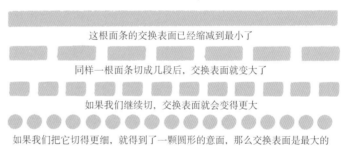

这根面条的交换表面已经缩减到最小了

同样一根面条切成几段后，交换表面就变大了

如果我们继续切，交换表面就会变得更大

如果我们把它切得更细，就得到了一颗圆形的意面，那么交换表面是最大的

2. 其次，就是液体调味汁的毛细作用。您是否还记得物理化学课上所学的知识？不记得了吗？我来给您提个醒。毛细作用是指一切发生在所谓"毛细管"中的液体表面压强上升或下降的现象。很简单，不是吗？好吧，我们来回答一下这个问题：当两根面条发生接触时，液体调味汁会延展开并覆盖在面条表面，但同时酱汁与面条的接触面也会缩小到面条间发生接触的部分。面条间的接触面积越大，裹住的酱汁就越多。而这种又细又长的面条，接触面积是很大的！我为您画了另一张图，来给您提供更直观的理解。

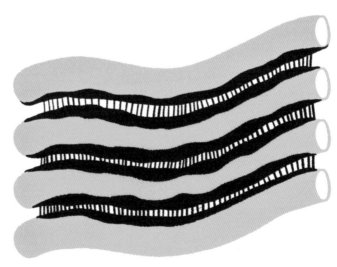

调味汁通过毛细作用会附着在面条间发生接触的部分，
面条越细，接触面积越大，因此附着的调味汁就越多

各类意大利面

实心长条意面

这种长条意面最好搭配轻盈稀薄的调味汁，或者略微有些浓稠的酱汁食用。
这样的酱汁很容易裹住面条的表面，酱汁中那些微小的颗粒也可能被缠在意面里。

意大利细面条 扁细意面

天使发丝意面

天使意面

意大利特细面条

全麦粗面

手工鸡蛋面

液体调味汁能轻松地裹住意大利面的表面，酱汁里那些微小的颗粒也可能夹杂在缠绕的意面里

还有意式挂面、长条圆意面、坑纹意大利细面条

空心长条意面

空心长条意面和实心长条意面有很多共同的特点，但前者吃起来更有韧劲，
另外，少量的液体调味汁也会从两端的小孔流进空心长条意面里。

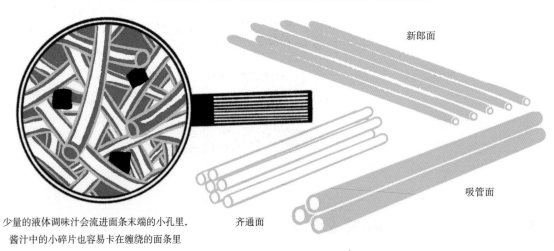

新郎面

吸管面

齐通面

少量的液体调味汁会流进面条末端的小孔里，
酱汁中的小碎片也容易卡在缠绕的面条里

带状意面

和意大利细面条相比，这种意面平坦的表面能够挂住丰富厚重的调味汁，
酱汁中比较大块的颗粒（甚至像禽类肝脏那么大的颗粒）也可以夹杂在缠绕的面条里。

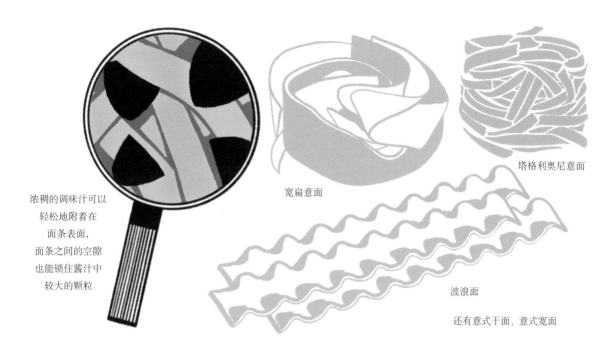

浓稠的调味汁可以轻松地附着在面条表面，面条之间的空隙也能锁住酱汁中较大的颗粒

宽扁意面

塔格利奥尼意面

波浪面

还有意式干面、意式宽面

意大利面片

这种大片光滑的意大利面与调味汁的接触面很大，
意大利千层面（Lasagne）通常会加入菜和奶酪丝一起焗烤，
而法佐莱蒂意面（Fazzoletti）则会直接盖在食物上。

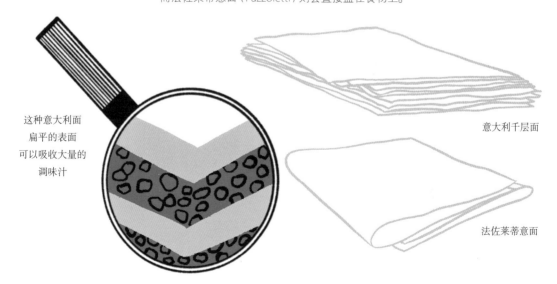

这种意大利面扁平的表面可以吸收大量的调味汁

意大利千层面

法佐莱蒂意面

各类意大利面

光滑的意面

这种意面和文火慢炖的酱汁、轻薄的酱汁或者浓稠的酱汁都很搭。

酱汁里的小颗粒会卡在意面的转弯处，这种造型的意面体积越大，夹杂在它们的空心部分的食物颗粒就越大。

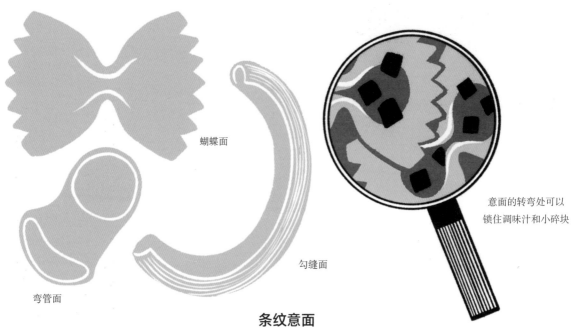

蝴蝶面

勾缝面

弯管面

意面的转弯处可以
锁住调味汁和小碎块

条纹意面

这种意面通常不会很大，但重要的是它们的表面会有条纹。一部分酱汁会嵌在这些纹路里，

这个位置足够轻薄，可以让酱汁渗透进去，同时又有足够的厚度让酱汁附着在上面。

这种意面的表面通常是凹凸不平的，这样才能挂住最浓稠的酱汁。

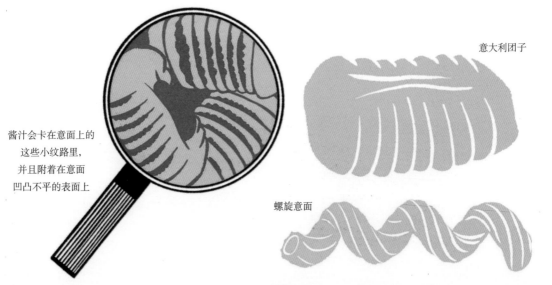

意大利团子

酱汁会卡在意面上的
这些小纹路里，
并且附着在意面
凹凸不平的表面上

螺旋意面

贝壳通心粉

这种意大利面最有趣的地方是，它们都是空心的！这样的话，小块的蔬菜或者肉都可以藏在里面。

搭配的酱汁既可以是轻薄的，也可以是有些浓稠的，这些酱汁都可以很好地裹住通心粉的表面。

我们也曾经尝试过没有条纹的通心粉，但它们能保留的酱汁相对比较少。

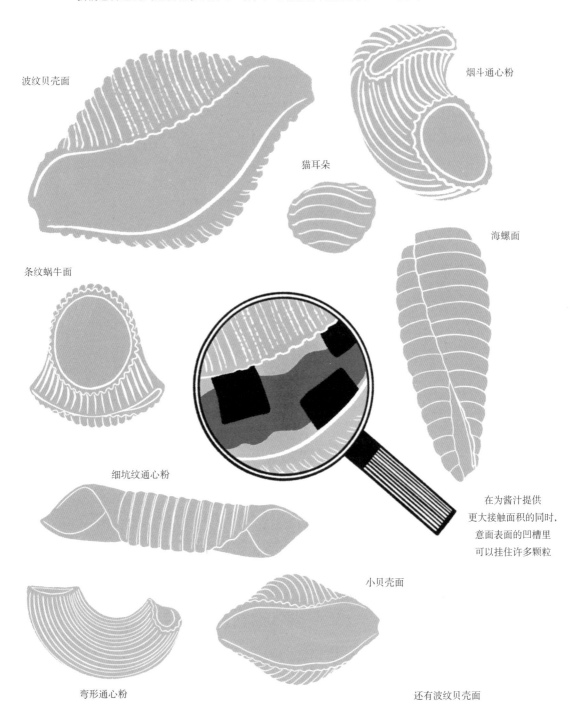

波纹贝壳面

烟斗通心粉

猫耳朵

海螺面

条纹蜗牛面

细坑纹通心粉

在为酱汁提供
更大接触面积的同时，
意面表面的凹槽里
可以挂住许多颗粒

小贝壳面

弯形通心粉

还有波纹贝壳面

各类意大利面

螺旋意面或螺丝意面

越粗的螺旋意面或螺丝意面，就能挂住或者锁住更多浓稠的酱汁，

相反，较细的螺旋意面和螺丝意面则更加合适搭配稍微稀一些的酱汁，如青酱。

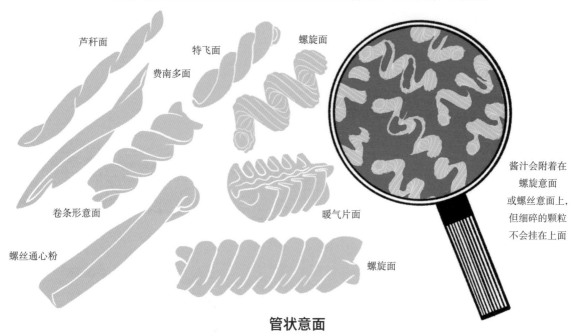

芦秆面

特飞面

螺旋面

费南多面

卷条形意面

暖气片面

螺丝通心粉

螺旋面

酱汁会附着在
螺旋意面
或螺丝意面上，
但细碎的颗粒
不会挂在上面

管状意面

管越粗，流进管里的酱汁和大块的颗粒就越多。这种意面很适合加入菜和奶酪丝一起焗烤，

它比较合适搭配稍微有些浓稠的酱汁或者文火慢炖的酱汁。

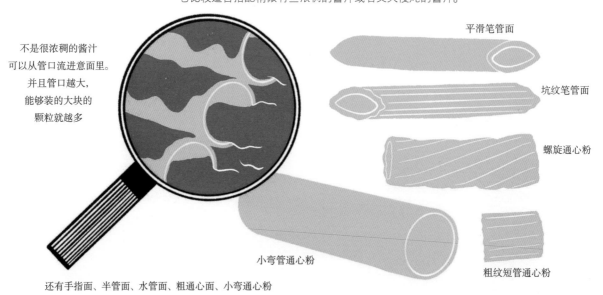

不是很浓稠的酱汁
可以从管口流进意面里。
并且管口越大，
能够装的大块的
颗粒就越多

平滑笔管面

坑纹笔管面

螺旋通心粉

粗纹短管通心粉

小弯管通心粉

还有手指面、半管面、水管面、粗通心面、小弯通心粉

带馅的意面

这种意面适合搭配简单的、不是很浓稠的酱汁，这样馅料的味道就不会被酱汁的味道所掩盖了。

赶紧忘了食堂里那些泡在味道过重的番茄酱里的意大利饺子吧，带馅的意面必须要搭配精制的酱汁。

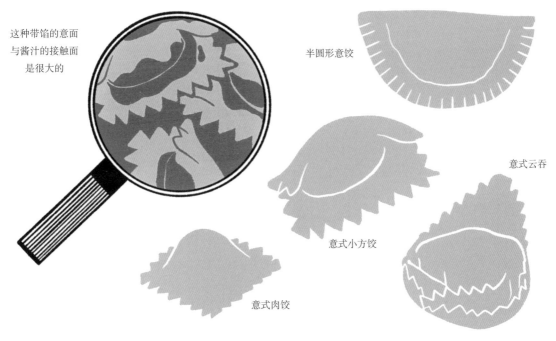

这种带馅的意面
与酱汁的接触面
是很大的

半圆形意饺

意式云吞

意式小方饺

意式肉饺

意大利汤面或厚酱面

还有一种意面可以直接放进高汤里，煮出美味的汤，
或者干脆浸泡在浓稠的酱汁里作为酱汁的一种材料，
这种意面也可以加上调味汁，放进烤箱里烤。

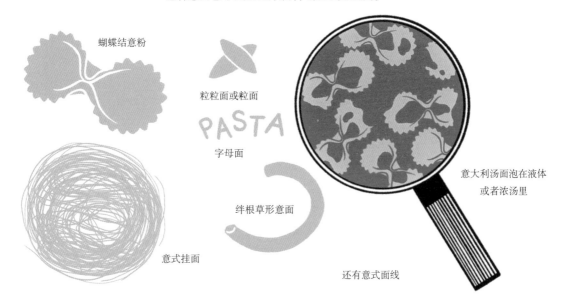

蝴蝶结意粉

粒粒面或粒面

PASTA

字母面

绊根草形意面

意式挂面

还有意式面线

意大利汤面泡在液体
或者浓汤里

各类意大利面

为什么有些意大利面要团成窝状出售？

有些意大利面太细、太脆弱了，无法以原有的造型出售，如天使意面。当我们把它团成窝状之后，意面就没那么脆弱了，并且便于运输。对其他团成窝状的意面而言，通常是比较长的意面，例如意式干面，团成窝状的意义在于可以降低煮面时所需水的高度：长条形意面被团成窝状，在锅里所占的空间就比较小，煮面所需要的水也相对较少。

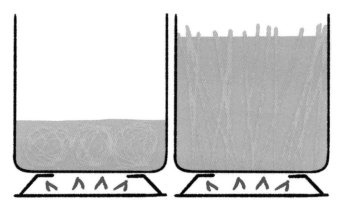

团成窝状的意大利面没有那么易碎并且可以用较少的水把面条煮熟

为什么要往煮面的水里放盐？

主要有两个原因：

第一个原因是个技术性问题：在清水中，意大利面里的淀粉凝结温度大概在85℃左右，但在盐水中，淀粉从90℃才开始凝结。淀粉凝结温度的升高增加了煮面的时长，这样能够让意大利面从外到里都均匀受热。

第二个原因是从味道上去考虑的：在煮面的过程中，意面会吸收水分，如果煮面的水有咸味的话，那么煮出来的意面会更有味道。"确实，但是如果我们把意面煮好后再放盐，也是一样的呀！"我的妻子对我说。呃，不是这样的哦，亲爱的，这两种方式并不完全一样。如果我们在煮面的时候就放盐，那么意面的里面也会是咸的（用科学术语说就是"等味的"），但是，如果我们在意面煮好后才放盐的话，那么就只有意面的表面有咸味。

说到味道，这就是另一个不同的问题了。因为意大利面的味道越丰富，它本身的味道就越不容易被酱汁的味道所掩盖。我们希望吃到的是加了酱汁的意大利面，而不是加了意大利面的酱汁，不是吗？

至于在水煮沸前加盐还是煮沸后加盐，这其实没什么差别。当然，盐水的沸点比清水的沸点要高。但前提是要充分考虑加入的盐量。盐水的沸点大概比清水的沸点最多高1/3，也就是说意面在盐水中加热时间会比在清水中长2～3分钟。所以，随便什么时候放盐，但一定要放盐！

聚焦

为什么有些长条形意大利面上会有小孔？

对直径比较大的意面而言，如吸管面，当热量渗透进面里，并将意面的中心部分煮熟的时候，我们通常发现意面的外层已经煮过头了。要想让意面里外均匀受热，解决的办法就是给意大利面加一根"管道"（贯穿整根面条的洞），这样就水就可以流进面条里，并且将面条的中心煮熟了。

为什么煮意大利面的时候水经常溢出来？

当意面被煮熟时，其中所含的淀粉会流失到水里。这些淀粉会漂浮在水面并形成一层覆盖物，同时挡住所有上升的气泡。这层覆盖物下形成的蒸汽会推着它不断上升，直到从锅里溢出来。但是，为了防止溢锅，我有一个屡试不爽的小窍门（见第113页）。

为什么要在煮意大利面的水里放油？

当有人解释说"往煮面的水里放油是为了防止意面粘在一起"的时候，您可以优雅地告诉他，往煮意大利面的水里加油根本不是因为这个原因：水和油是不相容的，并且油会漂浮在水面上，这是众所周知的事。但有趣的是，这些油会穿插进漂浮在水面凝结在一起的淀粉里，并且将淀粉分开，从而阻止淀粉形成那层覆盖物，这样就可以防止煮面时溢锅了（见第112页底部的提问）。

还可以继续解释，往煮面的水里插入一把汤勺，让汤勺斜靠在锅边，效果也是一样的，只是表现形式有所不同。淀粉会集中在汤勺周围，从而在水面形成的覆盖物上出现空隙。

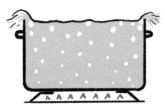

意大利面里的淀粉在水面形成一层覆盖物，导致蒸汽聚集在一起，水从锅里溢出来

油将淀粉颗粒分开，蒸汽可以通过水面排出来，水就不会溢出来了

从为什么到怎么做

为什么说用大量的水来煮意大利面毫无意义？

这是我经常读到的一个窍门："用大量的水煮面，煮100克的意大利面至少需要1升水。"恕我直言，这简直是一派胡言！好吧，让我来解释：含有淀粉并且煮熟后依然留有淀粉的意大利面更容易挂住酱汁。因此意面的淀粉含量越高，越容易吸附酱汁。

选项1：如果您用1升水去煮100克意大利面的话，也就是说用大量的水去煮面的话，意面中的淀粉就会被稀释。当您往调制的酱汁中加入煮面的水时，无法使酱汁变得浓稠，因为面汤里所含的淀粉很少。另外，您煮出来的面条所含的淀粉也很少，当面条再去吸附我们前面所说的酱汁时，结果就是酱汁很稀，也很难吸附在意面上。

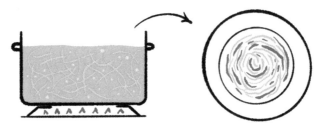

如果我们使用大量的水来煮意面的话，淀粉会被稀释，酱汁将无法很好地吸附在意面上

选项2：如果您用500毫升的水去煮100克的意大利面的话，也就是说用水量是选项1的一半，那么水里的淀粉含量是选项1的2倍。您同意吗？用煮面的水所调制的酱汁会很好地附着在意面上，也会更好地包裹意面，同时，这样煮出来的意面也能够更好地吸附酱汁。结果就是，酱汁吸附得更多。

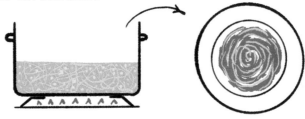

如果我们用少量的水来煮意面的话，煮面的水里淀粉浓度更高，酱汁会更好地吸附在意面上

结论：用比平常少得多的水来煮意大利面，您会发现意面里的酱汁会更加浓稠。您被我说服了，不是吗？试验一下，您会发现用两种方法做出来的意面品质差别很大。以下是一组参考数据，意大利面在烹饪过程中能够吸收自身重量1.5～1.8倍的水。

各类意大利面

为什么开始煮意大利面时要将意面充分混合?

首先,是为了避免意面粘在一起。在刚开始煮面时,意面里所含的淀粉吸收了水分变得湿润并且开始转化成凝胶状(之前面条是硬的,并不会粘在一起)。如果意大利面没有被充分地搅动的话,每根意面里凝结的淀粉会和其他意面里的淀粉聚集在一块,这时您就会发现意面都在锅底粘在一起了。但如果在煮面的前2~3分钟内将意面充分搅拌后,淀粉中的凝胶就会被水稀释,意面就不容易粘在一起了。

一定要煮出筋道的意大利面吗?

这也是让我挺烦躁的一件事:"意大利面要煮得很筋道!"但是,首先我要愿意吃筋道的意面,其次是这样做是否合理!其实,从两次世界大战之间的那段时间开始,人们才习惯于把意大利面煮得筋道弹牙,这是人们新近的发明,并不是老祖宗的习惯。20世纪初期以前,人们通常会把意大利面放进加了酱汁的菜里一起煮上几个小时。实际上,要想把意大利面煮得筋道,这种做法只适用于鲜意大利面,煮面之前将其晾干数小时,让它变硬。适当地控制煮面的时间,可以防止意面的外部煮得过烂,而中间部分还没煮熟。而对干意大利面而言,这样做就毫无意义了,时间不够长,中间是煮不透的。好吧,我的意思并不是要把意大利面煮成烂糊。嗯!按照自己的喜好来吧,这才是最重要的,毕竟最终这些意大利面是给自己吃的。

为什么不要通过往意大利面里加油来防止它们粘在一起?

如果您的岳父大人坚持放油,并且跟您解释说要往煮好的意大利面里放点油"才能防止它们粘在一起",您就可以反驳他,也许放了油,意面是不会粘在一起了,但是同时酱汁也无法吸附到意面上了,意面吃起来会淡而无味。

放了油,酱汁
无法吸附在意面上

没有油,酱汁能够
很好地裹住意面

为什么说用烤箱做出来的意大利面绝对好吃?

人们通常局限于用水来煮意大利面,但是,我敢打包票,用烤箱做出来的意大利面,绝对也是非常美味的,例如,小羊肩肉烤意大利面。但前提条件是,这道菜里必须加入足量的高汤,能够让意面膨胀起来并且被煮熟。其实,它的原理和烤苹果是一样的,只不过把苹果换成了意大利面。通常的做法是,往意大利面里加入番茄、香草和足量的高汤,再把羊肉放在中间或者上面。烹饪的过程中意面会吸满高汤和肉汁。这是19世纪人们常用的一种烹饪方法。我只能说,这种方法真是太好用了!

为什么要把意大利面放进酱汁里而不是把酱汁浇在意大利面上？

有人会先将意面放在盘子里，然后倒入酱汁，再将其拌匀！用这样的方法，意面和酱汁永远无法完美地融合在一块。学着像意大利人那样，用一口大一些的平底锅准备酱汁，然后加入沥干水并且很筋道的意大利面，再加入少许煮面的水。趁热不停地搅拌1～2分钟，让意面和酱汁充分融合，这样意面就能吸收到大量的酱汁了。最后将拌匀的意大利面趁热倒进一个大盘子里，就可以端上桌了。

为什么要往酱汁里加入少量煮面的水呢？

在煮面的过程中意大利面释放出来的淀粉是一种增稠剂，和面粉中的淀粉或是土豆中的淀粉一样，它可以给食物带来奶油般的口感（就像制作意大利烩饭一样）。另外，当淀粉被液体稀释后，会产生一种黏性结构，使得酱汁能够很好地附着在意面上。挂满酱汁的意大利面一定比滑溜溜的、酱汁全部沉在盘子底的意面味道要好得多，不是吗？所以，别犹豫，在您的酱汁里加入一些富含淀粉的面汤吧！

往酱汁里加入少量煮面的水

倒入沥干水的意大利面

将意大利面
放入热乎乎的酱汁中
搅拌均匀

为什么奶油培根意面（CARBONARA）里既没有奶油也没有培根？

这道会让下课后饥肠辘辘的学生们狼吞虎咽、被我们叫作"奶油培根意面"的美食，其实并不是真正的奶油培根意面。让我们面对现实吧：真正的奶油培根意面里没有奶油，而是由蛋黄、胡椒、羊乳干酪或帕尔马干酪以及少量煮意面的水调制而成的。也没有培根，而是添加了腌猪脸肉（将香料抹在猪脸上腌制而成）。这两个版本的奶油培根意面完全是风马牛不相及的两道菜。用奶油和培根来制作奶油培根意面，就像用埃曼塔奶酪或是格鲁耶尔干酪做比萨一样，简直是一种罪过！

 +  +  +  +

意大利肉酱面

哈！意大利肉酱面！

"意大利肉酱" bolognese 是这么拼吗？

是的，在法语中会用 "bolognese"（博洛尼亚的）或是 "à la bolognaise"。

为什么说 "意大利肉酱" 其实是起源于法国的？

毫无疑问，我的意大利朋友们又要鄙视我了。但是，的确，"意大利肉酱"（又译作博洛尼亚肉酱）就是起源于法国的。博洛尼亚是一座学生数量占人口总数四分之一的城市，已经有900年的历史了。博洛尼亚大学在文艺复兴时期非常有名，因此很多法国学生来这里求学。这些法国学生带来了他们炖肉的食谱：浓味蔬菜炖肉块，这样他们就可以按照法国人的做法做菜了（但意大利人完全不是这样做的）。另外，人们用来给这种酱汁命名的，意大利语里的 "ragù"（炖菜）一词，其实是源于法语中的 "ragoût"（浓味蔬菜炖肉块），也就是所谓的意大利肉酱(pâtes al ragù)。

为什么说 "意大利肉酱面" 不存在？

在博洛尼亚，人们用意式干面来搭配肉酱，而不是用细面条。简而言之，制作意大利肉酱面的意大利细面条来自意大利南部，而博洛尼亚是意大利北部的一座城市，两地相隔800多千米。"意大利肉酱面"其实是意大利裔的美国人发明的，他们想吃到搭配肉酱的意大利面，但是在美国又买不到制作正宗肉酱意面的意式干面（Tagliatelle）。他们尝试着手工制作意式干面，但做出来的面条和食谱上的大相径庭。

为什么说用意大利细面条搭配意大利肉酱有些傻？

意大利细面条是一种又细又长的意大利面，我在前面已经给您介绍过了。意大利肉酱是一种带有小块肉和蔬菜丁的、比较浓稠的酱汁，而意大利细面条太细了，无法承受这些材料的重量和如此浓稠的酱汁，一会儿工夫，我们就会发现面条上只剩下很少的酱汁，而肉全部沉在了盘子底。真是失败！

为什么往意大利肉酱里放白葡萄酒比放红葡萄酒要好？

意大利肉酱是一款味道浓郁的酱汁。白葡萄酒能给它带来一点淡淡的酸味，刺激味蕾来唤醒我们对味道的感知，并且回味更加清淡（和意大利烩饭是一样的）。而红葡萄酒则恰恰相反，会掩盖肉酱的味道。这是意大利人的小秘密。试试吧，它会带给您全新的感受！

为什么要在意大利肉酱做好前加入牛奶或者奶油？

在博洛尼亚，人们在烹饪过程中或者烹饪结束前会往菜里加入全脂牛奶或者全脂奶油，以增加圆润的口感，并且可以降低番茄带来的酸味。从来没有人告诉过你这些？您知道的，有些意大利人总是喜欢故弄玄虚，他们明明知道这些技巧却要保守秘密，真是小气！

注意！

为什么用绞肉来制作意大利肉酱很荒谬？

哦，不！您不会是用绞肉来做意大利肉酱的吧，只要短短的几分钟绞肉的肉汁就流光了，从而会变得很干！不，不要，千万不要！详情请参见"绞肉和香肠"，在把肉绞碎的过程中，肉里的所有纤维都被切断了，所以在烹饪的过程中，肉汁流失得很快。绞肉根本不可能被煎至上色，它会在沸腾的肉汁中被煮熟！换句话说，将5分钟就能煮熟的肉炖上几小时，有意义吗？您会把牛排煮上几个小时吗？当然不会了。一定要选择需要炖很久的肉，例如熬汤用的肉。最后制作完成时两者的味道会有天壤之别。

但如果您手边只有绞肉的话（尽管这样让我感到很绝望），唯一的解决办法就是取少量的绞肉，将它捏成丸子，这样才能让水分迅速蒸发，并将肉丸的某些部位煎至上色。当您把肉丸的每一面都煎好后，再把肉丸压碎，最后倒入高汤。别指望已经干掉的肉糜会在酱汁中重新变得湿润起来了，好吗？意大利肉酱根本不是这样做的。呼！用绞肉来做意大利肉酱，真是无语。

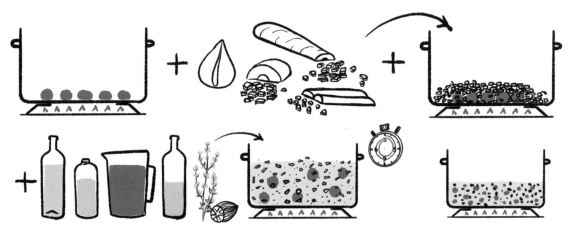

烹饪时请给予意大利肉酱最起码的尊重！首先，将肉煎至上色，使其析出肉汁，然后调至小火，加入切好的蔬菜，并倒入白葡萄酒收汁，再加入番茄酱、高汤和香草。让它静静地炖上3～4小时，最后加入淡奶油或牛奶，再炖上1小时左右

肉的品质

啊，多好的肉啊！但是，请注意，这里说的可不是超市里肉类柜台上用保鲜膜包着出售的肉哦，明白吗？
我们要说的是精选的肉类，源于用爱心和热情饲养的动物。
因为动物的生活质量决定了肉的品质。

为什么某些季节出品的肉品质最佳？

　　不同的季节为我们心爱的动物提供的食物也不同，由于食物发生了改变，肉的品质也会有或多或少的变化。春天，草木繁盛、鲜花盛开，牛羊可以尽情享用鲜美的食物；而夏天，大多数动物只能吃到被烈日晒干的牧草；秋天，各种虫子纷纷钻出地面，为家禽提供了高品质的食物；而冬天，猪能找到大量的橡子，这会令它们的肉变得非常美味。

如同水果和蔬菜一样，肉类的品质也是因季节而异的

惊奇！

为什么说饲料的质量会严重影响家禽的肉质和猪肉的品质？

　　猪和家禽（或人类）一样，只有一个胃。这种被称为单胃的消化系统，能够将动物吃进去的食物的味道转移到它们的肉里。正因为如此，散养的猪和家禽，吃着天然的食物，它们的肉质要远远胜过用桶装面粉和稻谷喂养的同类。

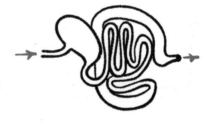

饲料的质量会影响牛羊肉的品质吗？

　　与猪和家禽不同，牛和羊是反刍动物，它们的消化系统是由好几个胃组成的，这样才能消化草里的纤维素。结果就是，饲料对于肉的味道影响不大，甚至根本没有影响。相反地，这些味道会停留在脂肪上，并为它们增添很多风味。没有油脂的牛肉的味道远不如布满了大理石花纹的牛肉。

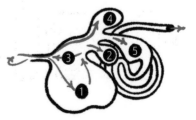

经过咀嚼后，草落进牛的胃里，
再经过反刍翻上来，随后再进入消化系统

关于肉的品质

为什么牛肉可以"带血"食用，而猪肉和鸡肉却不行？

首先，猪肉和鸡肉是不存在"带血"的烹饪方法的，因为猪肉和鸡肉是粉色的，它们的肉汁也不是红色的。鸡肉煮成"粉色"就相当于牛肉的"七成熟"。

在牛肉中，如果存在有害菌群的话，它们只存在于肉的表面，不会渗透到肉里。当我们做煎牛排、炖牛肉或者水煮牛肉时，牛肉表面的温度对于杀死这些有害菌群而言至关重要，而肉的里面可以是"带血的"，甚至是生的，仅有45℃左右。不用担心，因为细菌已经被消灭了。但是鞑靼牛排和生牛肉还是要慎食！

对猪肉而言，情况则有所不同，如果喂养不当的话，猪有可能感染寄生虫，寄生虫可以渗透到猪肉里并且在那里产卵。如果猪肉内部的温度在烹饪时未达到一定的高点，虫卵是可以继续生存的。而现在，猪被寄生虫感染的情况是很少见的，因此猪肉可以被烹饪至"粉红色"食用，大约在60℃左右就足够了。

而鸡肉则又不同，鸡在鸡粪中行走，细菌在它们的腿上繁殖。宰杀好的鸡在运输过程中被堆叠在一起就会产生很大的问题。细菌会转移并可能感染鸡肉。短时间内的高温烹制或者长时间的低温烹制都足以杀死这些细菌。鸡肉在65℃的温度下会变成"粉红色"，这是可以安全食用的。

为什么带骨的肉味道更丰富？

有谁没有啃过靠在骨头上的肉吗？人们都爱这块靠骨肉，这是有原因的。因为靠近骨头的这部分肉通常味道更丰富。靠骨肉之所以这么美味是因为以下几个原因：首先，在烹饪的过程中，某些骨头中所含的骨髓会流淌出来，变成肉汁；其次，骨头里炖出来肉汁包裹着这部分肉，为其增加了许多风味；再次，挂在靠骨肉上的那层结缔组织也是非常美味的。带骨头的肉，绝对是一等一的美味！

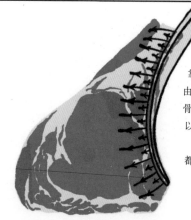

靠近骨头的地方，由于流出来的骨髓、骨头里析出的肉汁，以及粘在骨头上的那层结缔组织都让这部分肉变得更加美味

关于和牛的三个问题

1 **为什么人们会经常谈论和牛（WAGYU）?**

您不知道和牛？那么让我来给您解释一下，因为和牛（wagyu）绝对是大神级的牛肉。和牛是一种日本牛。"wa"是日本的意思，"gyu"是指牛。这种体型较小的牛过去主要用于在稻田里耕地。由于它们工作时需要大量的能量，因此它们的肉里布满了大理石纹路的油花，而正是这些肌肉里所含的脂肪为它们提供了工作所需的能量。如今，和牛被饲养在农场里，就像饲养制作鹅肝的鹅或鸭一样。人们甚至给它们听音乐来帮助它们放松心情……为了避免破坏它们的肉质，在这些动物身上是不会使用任何抗生素的。

2 **为什么和牛肉如此美味?**

对一块肉而言，脂肪含量非常重要，因为正是这些脂肪赋予了这块肉大部分的味道。说到脂肪，和牛的脂肪含量堪称完美。顶级和牛身上最好的那部分肉，通常是肉分布在脂肪里，而不是脂肪分布在肉的周围。和牛的饲料主要包括谷物、大米和生产啤酒时丢弃的大麦谷壳。正是这种非常特殊的饲料使得和牛的脂肪别具风味。

3 **为什么说除了日本，其他地区出售的和牛都不是正宗的和牛?**

除了日本，其他地区也能使用"和牛"一词，因为和牛的名字和定义在法律上并没有被注册。因此，一些养殖户利用这一漏洞，为一些杂交的牛冠以"和牛"的名称，主要是与美国黑安格斯牛（Black Angus américaine）杂交的品种，这是一种养殖在美国大型养殖场的被注满了抗生素的牛。严格说来，这根本是风马牛不相及的两个物种。这种所谓的"和牛"被切成厚厚的牛排出售，它们的脂肪味道平淡，而正宗的和牛则会被切成薄片，让脂肪在舌尖慢慢融化。在日本以外的地区饲养的和牛就和在上海生产的马苏里拉奶酪或是在美国用超高温杀菌牛奶生产的卡门贝尔奶酪一样，仅仅是用了和牛的名字，但味道和肉质完全不同。

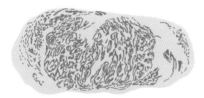

真正的和牛沙朗牛排

山寨的和牛沙朗牛排

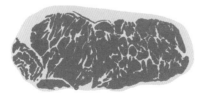

诺曼底沙朗牛排

普通的沙朗牛排

肉的颜色

哦，不，从肉里流出来的液体可不是血哦！
另外，我们也看到过各种关于肉类颜色的信息，
那么让我们来仔细研究一下吧……

为什么肉的颜色会有所不同？

肉的颜色取决于肌肉中肌红蛋白的数量。肌红蛋白是一种将氧气输送至肌肉的蛋白质。肌肉锻炼的时间越长，所含的肌红蛋白就越多，这样才能为肌肉提供足够的氧气。例如，野鸭需要长时间飞行，因此它们的肉颜色很红，但是鸡只需要安静地溜达，因此肉的颜色则相对苍白。

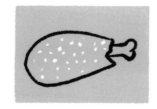

为什么从肉里流出来的红色液体不是血？

这很简单，因为动物已经被放了血，它们的血已经流干了。您是否注意过小牛肉里是不会流出红色液体的，而牛肉却会？但小牛也是有血的呀。肉里流淌出来红色液体和肉中所含的肌红蛋白数量有关。牛肉里流出来的肉汁是红色的，而小牛肉和鸡肉里流出的肉汁则几乎没有颜色。

为什么真空包装的肉在接触到空气后会变成鲜红色？

因为真空包装的肉，顾名思义是在无空气的环境下保存的，因此没有和氧气接触。而且由于肌红蛋白上没有氧气，因此这些肉的颜色比其他肉的颜色要更深一些。当我们打开包装袋，肌红蛋白重新接触到了氧气，肉就会重新变成鲜红色。

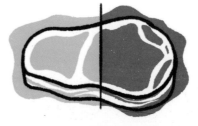

真空包装的肉呈很深的红色，包装一旦打开，
肉与氧气接触后，肉会重新变回鲜红色

为什么牛肉的颜色并不能反映它的新鲜程度呢？

高品质的牛肉应该是明亮的鲜红色，相反，不新鲜的牛肉则会呈现出很深的暗红色。肉的颜色是由肌红蛋白决定的。这主要取决于以下三个因素：

1. **是否暴露于空气中。**正如我们所见，真空包装的肉的颜色比暴露在空气中的肉颜色要深。

2. **成熟程度。**5～6周成熟的肉，颜色自然要比仅仅放置了15天的肉颜色要暗（请参见成熟过程）。

3. **动物的年龄。**较老的动物肉中所含的肌红蛋白自然要比年幼的动物要多，因此它们的肉颜色较深。

牛肉唯一真正可靠的颜色是棕栗色并且有些微微发绿。

为什么牛肉的脂肪有的是白色有的却微微发黄？

这取决于喂养的饲料。仅用谷物喂养的牛，它们的脂肪非常白；而在田间喂养的牛，由于它们食用的草中含有胡萝卜素，所以它们的脂肪会微微发黄。

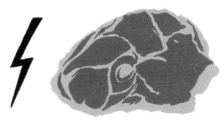

脂肪是白色的意味着这是谷饲牛肉　　　　　　　　如果脂肪是黄色的意味着这是草饲牛肉

为什么小牛肉从白色到深红色都有？

用母乳或奶粉喂养的小牛身体内缺乏铁元素（牛奶中含铁量很低），因此肉的颜色很浅。而那些吃草的小牛身体内富含铁，所以它们的肉是深红色的。动物的年龄也很重要，年龄越大的动物，肌肉中所含的肌红蛋白就越多，肉的颜色也就越深。

为什么有些品种的猪肉颜色非常红？

和小牛肉类似，有些品种的猪肉天生就格外的红，但饲养的类型同样会影响猪肉的品质。工业饲养的猪肉色较浅，因为它们长年生活在猪圈中，活动较少；而放养的猪可以在田野或灌木丛中自由地奔跑，运动量很大并且吃着高品质的食物，因此它们的肉是深红色的。

草饲小牛肉呈深红色，且味道浓郁，
而喂母乳的小牛，肉色苍白，且味道较为清淡

脂肪真美味!

啵，啵啵！我仿佛已经看到您对自己说，脂肪会让人长胖，一点儿也不好。

呃，好吧，其实肉的美味主要源于它的油脂，而不是瘦肉。

另外，脂肪越多，越美味。让我们来帮脂肪正名吧！

为什么布满油花的肉味道更丰富？

在烹饪的过程中，脂肪微微融化并且带来丰富的口感。如果一块肉里富含油脂，每一口都会让您获得味觉的享受。另外，这些油脂会沉淀在您的舌头上，并且形成一层美味的薄膜，这层薄膜要过一段时间才会消失，这就是所谓的"余味在口中停留的时间"。

为什么布满油花的肉更软糯、更多汁？

事实并非如此，但富含油脂的肉却给人留下了这样的印象。当肉里的蛋白质被加热时，肉质开始变硬，但脂肪却会慢慢融化。当我们开始咀嚼一块富含油脂的肉时，软嫩的油脂会迸发出"液体"，因此会带来"多汁"的口感。

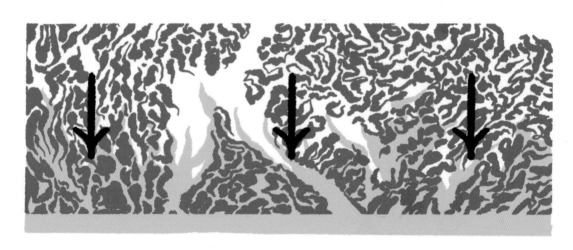

热量会慢慢地渗透进肉里，从而防止肉过快地干掉。
脂肪在加热的过程中慢慢融化，此外，还能带来软嫩的口感和绵长的余味

已证明!

为什么肥肉比瘦肉更耐煮？

首先，是因为脂肪可以抵消肉煮太久而带来的干柴的口感。这也是为什么过去人们会在需要长时间炖煮的瘦肉里添加肥膘的原因。其次，是因为脂肪导热的速度比瘦肉要慢，在烹饪一块布满油花的肉时，热量会慢慢地渗透，因此，肉的中间部分保持软嫩和多汁的时间会更久一些。

为什么牛肉比猪肉更肥，而牛看起来却比猪要瘦呢？

牛的脂肪是肌内脂肪，也就是说它是存在于肌肉内部的。事实上，我们通常会在某块牛肉上，如细嫩的牛肋排上看到脂肪。而猪的脂肪主要位于背部和胸部的皮肤下。肌肉间也会长有脂肪，但是肉里的脂肪却非常少。另外，当您打算节食减肥时，最好选择猪肉而不要选择牛肉。请注意，是精瘦肉而不是肥膘哦，小美食家们！

为什么一块上好的猪肋排外部都有一层厚厚的脂肪？

工业化饲养的猪，一般养到6个月就要被宰杀。为了让它们快速生长，人们投喂了大量的荷尔蒙，以至于它们的身体根本没有时间长出脂肪。相反，一头好的纯种猪则是慢慢长大的，大概要2年的时间才能长成，并且它们有足够的时间享用有品质的食物。足够的饲养时间和优质的饲料使得这些猪能长出高品质的猪肉以及包裹在肋排四周的厚厚的脂肪。如果您看到猪肋排的周围包裹着脂肪，这是品质的象征。买它！

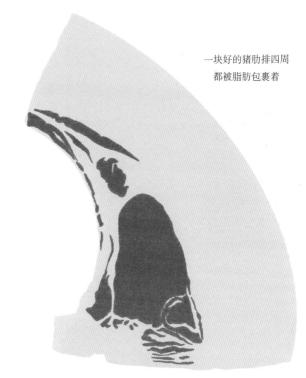

一块好的猪肋排四周
都被脂肪包裹着

为什么说羊羔肉是所有肉中最肥的？

这只小动物从早到晚都在爬山、奔跑、跳跃……总而言之一句话，它在不知疲倦地消耗着体力。如此大的运动量需要等量的能量来支撑，非常多的能量！大自然是很好地造物主，让它们在大吃大喝后长出了大量的脂肪，这些脂肪足以为它们的肌肉提供所需的能量。因此，羊羔肉的周围和内部都含有大量的脂肪。

为什么牛肉和猪肉在烹饪的过程中很容易变干？

因为这两种肉的瘦肉里所含的脂肪很少，所以我们可以通过以下三个因素来解释：

1. 脂肪减慢了肉内部温度的上升，而瘦肉升温很快，因此会很快干掉。

2. 脂肪受热后融化，为肉增添了多汁的口感。由于瘦肉所含脂肪很少，因此吃起来比较柴。

3. 脂肪能够让我们的唾液腺分泌更多的唾液。口中的唾液增多了，每一口咀嚼产生的液体也就增多了，因此会营造出多汁的感觉。

一个小建议：在刚开始烹饪时用大火将小牛肉和猪肉煎到表面呈褐色，然后就必须转文火慢慢地煮，这样做出来的肉就不会太干了。

肉类的软硬度

为什么我做的肉很硬？是的，肉很硬！但是肉做出来很硬并不意味着肉的品质不好。

其实，您只需要多花一点时间来烹饪它，

然后，你就可以大快朵颐了，就这么简单！

为什么有的肉吃起来比较硬，有的肉却比较软呢？

这与胶原蛋白的数量有关。胶原蛋白是一种结缔组织，会在肌肉纤维周围形成一层外壳，就像电线外面裹着的那层柔软的塑料胶皮一样。每条纤维都被胶原蛋白包裹着，而另外一层胶原蛋白形成的外壳又包裹着上百束肌肉纤维……肌肉运动得越多或者动物的年龄越大，胶原蛋白就越多，肉的口感也就越硬。

胶原蛋白包裹着每条肌肉纤维，如同一层外壳，
而它们本身又被另一层胶原蛋白形成的外壳所包裹着

注意啦！技术问题！

为什么切肉的方向会影响肉的软硬度？

切肉的方向很大程度上决定了肉的嫩度。从来没有人告诉过您吗？您会发现，这件事很神奇。肉是由纤维组成的，而这些纤维看起来就像麦管一样（就像人们为了哄孩子们开心而用来给他们喝石榴汁的那种麦管）。当我们沿着与纤维平行的方向切肉时，肉嚼起来很费劲。但当我们沿着垂直于纤维的方向切肉时，我们得到的却是"薄薄的麦管切片"，所以，小块的纤维比长纤维要好嚼得多。请注意！这还没完。还有一个非常重要的小窍门。相较于长纤维而言，切成薄片的纤维中所包含的汁水更容易流出来。当您咀嚼的时候，切成小块的纤维会给您带来更多汁的口感。总之，沿着垂直于纤维的方向切肉，您吃到的肉会更加软嫩多汁，当然味道也会更好。

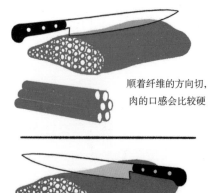

顺着纤维的方向切，
肉的口感会比较硬

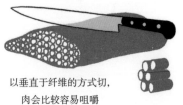

以垂直于纤维的方式切，
肉会比较容易咀嚼

为什么大部分牛肉比其他肉的口感都要硬？

同等大小的**牛肉**比小牛肉、猪肉、羊羔肉和鸡肉都要重。因为牛身上的某些肌肉比其他动物的肌肉运动得更多，因此这部分肌肉含有更厚和更硬的胶原蛋白，这使得整块肉变得更硬。

小牛肉中也有较硬的部分，例如用来做炖肉的小牛肉，但是它们的胶原蛋白更细一些，因此所需的烹饪时长较短。此外，切成薄片的牛胸肉烹饪的时长较短，而整块的牛胸肉则需要很长的烹饪时间。

猪肉中，口感较硬的部分应该就是猪肘子了。和小牛肉一样，某些部位的肉，如火腿和肩肉，如果切成薄片的话，是不需要很长的烹饪时间的。

羔羊肉中，羊腿肉和羊肩肉的硬度都差不多。

鸡肉中，唯一含有胶原蛋白的就是鸡腿肉，但是鸡腿肉很容易煮熟。

为什么牛身上前半部分的肉比后半部分的肉更硬？

因为牛的前肢承担的重量比后肢要大。更重要的是，牛是靠前腿拉动它们的身体向前走的（这与猪是依靠后腿向后蹬而前进是相反的）。这和汽车前进的原理是一样的，有的动物属于"牵引"型，比如牛，而有的动物属于"驱动"型，比如猪。

为什么牛里脊肉非常嫩并且价格不菲呢？

牛里脊是位于牛臀部和上腰部下方的肉，这是一块很少运动并且脂肪含量很少的肉。由于这个部位运动不到，所以它非常软嫩，因为它所含的脂肪很少，味道也很淡。这两个特征受到了很多人的青睐，因此价格也比较昂贵。但真正的美食爱好者对这块肉并不太感兴趣，他们宁愿选择更有嚼劲并且味道更丰富的肉。

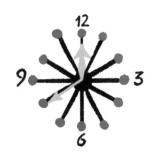

为什么口感较硬的肉要花费很长的烹饪时间？

当这些肉是生的时候，它们所含的胶原蛋白是硬的并且富有弹性，因此这样的肉是无法食用的。但是这些肉在经过文火慢炖后，就会变得软糯弹牙、非常美味。这就是为什么那么多美食爱好者如此钟爱蔬菜牛肉浓汤和勃艮第红葡萄酒炖牛肉的原因了。

一块好肉的秘密

您知道如何鉴别一块好的牛肋排吗？

您知道如何挑选一块上好的牛肉来制作勃艮第涮肉火锅（la fondue bourguignonne）吗？

选后腿肉合适吗？让我来告诉您吧……

关于牛肋排的三个问题

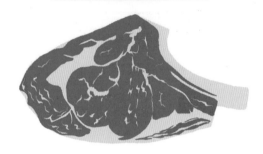

❶ 为什么说一块上好的牛肋排里必须带有肥肉？

我们已经说过脂肪是味道的重要载体。脂肪少意味着味道平淡。选择一块带有大理石花纹的牛肋条，只会更加美味。

❷ 为什么说牛肋排在烹饪过程中比牛骨肉烧干的速度要慢？

牛骨肉和牛肋排其实源自同一块肉。牛骨肉可能是取自两条肋骨之间的肉，但也可能是一条去了骨的肋排肉。两者重要的区别就在于，在烹饪过程中，牛肋排的大部分肉是挂在骨头上的。在介绍"肉的品质"时我们已经提过，挂在骨头上的那部分肉在烹饪的过程中不会收缩，肉汁不易流失，所以不容易干掉。这就是为什么牛肋排吃起来会比牛骨肉要多汁的原因。

❸ 为什么要提前一天用盐把肉腌渍起来？

我们前面已经介绍过了盐会对肉产生的影响（请参见"盐"）。但是对于那些懒得往前翻几页的人而言，我还是要重申一下：与人们通常的认知相反，提前用盐腌渍过的肉吃起来会更加多汁，因为盐能改变蛋白质的结构，从而防止肉在烹饪的过程中因收缩而导致大量肉汁的流失。对于一块有一定厚度的牛肋排而言，是需要一定的时间才能让盐渗透进去的。因此，至少提前一天加盐腌渍，甚至可以提前48小时腌渍。

为什么猪胸脯肉是理想之选？

猪胸脯肉是猪身上味道最丰富的部位（而且还很便宜）。将猪胸脯肉带皮的部位朝上放进烤箱里，用小火慢慢地烤，让脂肪微微融化，然后将这块猪肉放在烤架上，将猪皮烤至上色。请记住，还有一个小秘诀：提前一天将猪胸脯肉放在一个大盘子里，猪皮朝上，撒上少许发酵粉。这样做会改变猪皮的pH酸碱度，让它变得更软。绝对的美味！

羊胸脯肉也是理想之选吗？

说到羊肉，如果您想听听我的感受，羊身上这块肉是我的最爱。同样，这块肉并不是很出名，因为它的卖相不是很好。人们一般会用它来制作古斯古斯饭或是用于熬制羊肉汤底。又或者带一块骨头以"羊胸排"的名义出售，或剔去骨头以"小羊排"的名义出售。显然，带骨头的羊胸脯肉更美味些。只需要将它们放进烤箱，加上洋葱或者百里香一起烤，然后背着孩子们啃骨头上剩下的少许肉，这绝对是这块羊排的精华部分！

勃艮第涮肉火锅成功的关键就在于用腌制
超过24小时的优质牛腰肉（bavette）
或者膈柱肌肉（onglet），配以滚烫的热油

为什么说牛腰肉和膈柱肌肉是做勃艮第涮肉火锅的最佳选择呢？

我知道我的屠夫朋友们会强烈推荐一种被称为"火锅肉片"的牛肉。赶紧忘了这些切肉剩下的边角料吧，它们平淡无味，根本不是做这道菜的理想材料。因为这种肉质地很软，味道很淡，并且很难煎至上色。要想做出美味的火锅，选择的肉必须能够在热油中迅速炸至表面酥脆，为了达到这样的效果，没什么肉比牛膈柱肌肉、牛腰肉或者靠近大腿内侧的牛腹肉更合适的了。因为这些肉可以轻松获得一层奇妙的酥脆的外壳，而牛肉的里面却软嫩多汁，就像脆皮软糖一样。靠近大腿内侧的牛腹肉和膈柱肌肉相较牛腰肉而言味道更加浓郁一些。另外，请记住，我还有两个制作火锅的小秘诀。

秘诀1：我会将肉切成两口的大小，不能更大，然后我会将肉放在混合有橄榄油、大蒜、胡椒、百里香和一整杯卡宴辣椒粉的调料中腌制24小时。

秘诀2：通常，在做饭的时候我们的平底锅无法同时煎好几块牛肉，因此，我会先将油预热至180℃，最重要的是我会在底座周围放上很多小蜡烛当作菜肴保温器来保持烹饪所需的温度。因此，我用的油是长时间保温的。

为什么说将大蒜塞进羊后腿里烹饪并非明智之举？

实际上，您应该知道肉里面的温度不是很高，不足以将蒜瓣煮熟，当我们将蒜瓣塞进大块的肉里时，如羊后腿，当温度达到60℃时，肉是带血的；当温度达到65℃时，肉则煎得刚刚好。但您要如何将大蒜煮熟呢？最后，您会发现您的羊肉已经完全熟了，而大蒜还是生的，并且味道十分浓烈。但这也是有办法解决的，如果您喜欢带有蒜味的羊腿的话，您可以将大蒜切成薄片放在羊后腿的羊皮下面，这个位置是最容易被加热的，这样，大蒜就很容易被煮熟了。或者用少许橄榄油，将蒜瓣放入平底锅中煸炒10分钟，记住，一定要用非常小的火，然后再将加热好的蒜瓣塞进羊腿里。但无论您使用哪种方法，蒜味都不会很浓，顶多渗透进肉里1毫米。

真相

为什么尽量不要选包裹了一圈薄片肥肉的烤肉？

长期以来，人们会用一条薄片肥肉来包裹烤肉，原因有三个：

1. 这样做可以防止烤肉在烹饪的过程中变干。其实这种说法是不对的，而这一点在二十多年前已经被科学所证实了。包裹烤肉的薄片肥肉并不能阻止肉中所含的汁液蒸发。无论是否包裹了这层肥肉，烤熟后，肉减少的重量是相同的。

2. "这样做会让烤肉变得更有营养"，这种说法也是错的。理由很简单，就如同腌制鱼或肉的酱汁在1小时内无法渗透0.1毫米一样（请参见腌渍汁），难道您还指望油脂可以迅速地渗透进烤肉里吗？

3. 当烤肉被裹上了一层薄皮肥肉出售时，这层肥肉和烤肉一起称重，一文不值的肥肉就不知不觉地以烤肉的价格被卖给了消费者。不过，建议您不要选择包裹着薄片肥肉的烤肉最主要的原因还是因为被这片肥肉覆盖的这部分烤肉不容易被烤至上色。烤至上色的部分越少，烤肉产生的香味也就越少。因此，包裹了一层薄片肥肉的烤肉比没有包裹肥肉的烤肉味道要差。就是这样！

火腿

"猪身上的肉都好吃？"是的，女士！
而火腿，却真的能够带您到达味觉的巅峰。

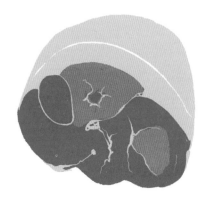

为什么优质的白火腿会由几种不同的颜色构成？

猪腿是由几块功能不同的肌肉组成的：某些肌肉用于行走，而其他肌肉则仅用于站立。因此，运动多的肌肉所含的肌红蛋白比较多，所以呈现出较为鲜明的红色。火腿的肉色分布不均意味着制作火腿的猪不仅是优质的猪，还意味着这是一条高品质的火腿。可别想反了哦！

为什么熟火腿是粉红色的而生火腿却是红色的？

同一块肉却有两种不同的颜色，让我来解释一下。将"白色的"火腿放入由水、香料、糖和盐调制而成的盐水中浸泡几天，然后用沸水将火腿煮熟或者蒸熟。火腿的颜色呈粉红色是因为为了保持火腿稳定的淡粉色，使用了亚硝酸盐的缘故。不含亚硝酸盐的天然火腿是浅灰色的。

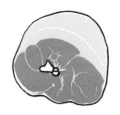 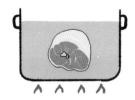

生火腿用盐和香料的混合物覆盖，并且风干几个月。在风干的过程中，发生了美拉德反应，效果和将肉煎至上色或是将烤鸡烤出香味是一样的，其结果就是，糖分聚集，脂肪氧化。火腿的颜色慢慢演变成深红色。

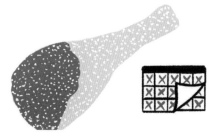 

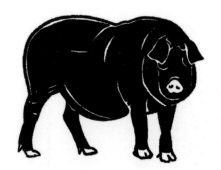

聚焦

为什么在意大利和西班牙能吃到好吃的火腿？

这与猪的品种和制作工艺有关。意大利和西班牙的猪主要是伊比利亚（Ebérico）猪种的后代。伊比利亚猪种和凯尔特猪种以及亚洲猪种并称三大完美猪种。伊比利亚猪种的直系后代是迄今为止最好的猪，肉质细嫩，能够制作出品质上乘的火腿。

关于黑猪火腿（PATA NEGRA）的两个问题

❶ 为什么人们说黑猪火腿是全世界最好的火腿？

呃，黑猪火腿是传说中最好的火腿，坦白说，即使不是世界上最好的，它至少也能排进世界前五名，这一点是肯定的！黑猪火腿是用一种品种很特别的猪肉制成的，即伊比利亚黑猪肉，这种猪肉的脂肪可以锁住油酸。这些半散养在西班牙南部的猪，即使在冬天也能吃到相当高品质的食物：橡子、树根、树皮、蔬菜等。正是这些食物使它们的肉质变得无比美味。此外，工匠的素养与工作的质量也会造成这些生火腿品质上的差异，生火腿一般需要熟成3～5年之久。

❷ 黑猪火腿为什么那么贵？

生火腿，其实和香槟有点像，有的产地很杂，有的却来自很好的产地。黑猪火腿的产地就非常好，原材料也很稀有。黑猪火腿带有微微的甜味，以及核桃、榛子和果木的香味，入口余味悠长。总之，物以稀为贵嘛。但是，请注意！很多商家挂羊头卖狗肉，打着黑猪火腿的旗号卖的确是品质低下的火腿。

正宗的黑猪火腿在出售时会标有橡果饲养100%伊比利亚（Bellota 100% Ibérico）的字样。为了便于识别，这种特别的火腿会被套上黑标出售。	橡果饲养伊比利亚火腿的品质要稍逊一筹，因为选用的是血统纯度75%的伊比利亚猪，但它们吃的食物是相同的。这些火腿会被套上红标出售。	谷饲林地散养伊比利亚火腿的品质又不如前两种火腿，尽管选用的仍是血统纯度75%的伊比利亚猪，但它们的饲料不是橡果，并且是被散养在林地里的。这种火腿的标签是绿色的。	谷饲伊比利亚火腿是选用血统纯度50%的伊比利亚猪制成，而这些猪是被圈养在谷仓里的，实际上它们并不能自由地四处走动。这种火腿的标签是白色的。

为什么我们现在还能吃到牛肉火腿？

实际上，牛肉火腿在西班牙或意大利已经存在2000年了，没什么新鲜的！最好的牛肉火腿要数来自西班牙西北部的塞西纳·德·莱昂（Cecina de León）火腿，但它的知名度却不是很高。这种火腿选用至少5岁的牛的后腿肉制成，并且采用与某些风干火腿相同的加工工艺：先腌制、烟熏，然后风干并熟成。人们通常会淋上少许橄榄油食用，如意大利风干牛肉片（Bresaola），它们也是选用意大利牛的后腿制作而成的。

鸡和鸭

啊，周日的烤鸡和霍滕斯婶婶的香橙鸭！多么美味的回忆啊！

好吧，还是要刷新一下您对鸡、鸭的认识。

为什么鸡爪上会有鳞片？

鸡通常会到处乱跑，踩在粪堆上、杂草上等。这些鳞片可以保护它们的爪子并且防止它们感染疾病。

鸡为什么会有砂囊？

鸡有喙，但却没有牙齿。为了将食物磨碎，它们会摄取一些微小的石子，这些小石子会贮存在一个肌肉口袋里，这个肌肉口袋被称为"砂囊"，这是鸡的两个胃之一。对于摄取的小石子的选择可不是随机的，它们会根据自己的需求以及所吃的食物，精心挑选石子的大小、形状以及质地。

为什么鸡腿肉的颜色比鸡胸肉的颜色更深？

因为大腿的肌肉支撑着整只鸡的重量，使其能够走动、奔跑。肌肉运动得越多，所需的氧气也就越多。而为肌肉提供氧气的是一种红色的蛋白质——肌红蛋白。而胸部的肌肉则"懒"得很，只进行呼吸运动，因此没什么肌红蛋白。这就是为什么鸡腿肉的颜色比较深的原因。

为什么"傻瓜才不吃的肉"（sot-l'y-laisse）并非来自人们想象的部位？

这块著名的，所有人都喜爱的肉，我们称之为"傻瓜才不吃的肉"，其实这块肉并不是真正的"傻瓜才不吃的肉"。实际上，傻瓜根本不会不吃这块肉，这块肉又大又明显。这块肉的学名叫作"锦鸡蚝"，因为它的形状像一只生蚝。真正意义上的"傻瓜才不吃的肉"更小，并且几乎看不见。它就藏在鸡皮下面，位于鸡尾骨骨头的凹槽中，就在鸡屁股旁边。1798年版的《法兰西学院字典》（le dictionnaire de l'Académie）首次给出了这块肉的定义，但该定义已经在19世纪被错误地更改了。现在的字典中又渐渐地重新给出了这个词的定义，并且明确了这块"傻瓜才不吃的肉"的具体位置。

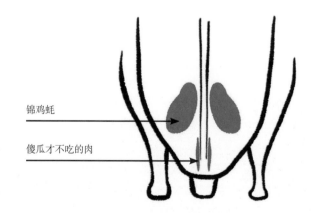

锦鸡蚝

傻瓜才不吃的肉

为什么野鸭和家养的鸭子有很大的差异？

　　大部分野鸭都是候鸟。它们的脂肪是用来为长途飞行提供能量的。人们猎捕到的野鸭通常会比家养的鸭子要瘦一些，但它们的味道更加浓郁。在众多家养鸭子的品种中，人们发现了克里莫瘤头鸭（Kriaxera）。这种鸭子味道非常鲜美，这是法国巴斯克地区的养殖者精心饲养的品种。

关于胸脯肉的三个问题

1 为什么人们只选用肥鸭的胸脯肉？

　　养肥了的用于制作肥鸭肝的鸭子比普通的鸭子要肥美，因此被命名为"肥鸭"。鸭子侧翼的肉被冠以"胸脯肉"（magrets）的名称出售，这块肉脂肪含量较高并且带有一层厚厚的皮，而其他品种的鸭子，体型较小、脂肪较少、皮较薄，因此其他鸭子这个部位的肉被称为"里脊肉"。

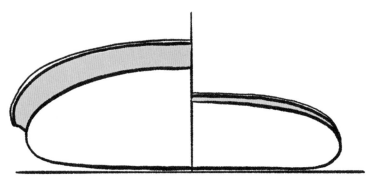

（肥鸭）鸭胸脯肉　　　　　　　　　（普通鸭）鸭里脊肉

2 为什么说鸭胸脯肉是一道新近发现的美味？

　　用于制作肥鸭肝的鸭子一般会用油浸的做法来烹饪，有时它会被用来做成烤鸭。1959年，一位来自法国热尔省小城欧什的厨师安德烈·达奎安（André Daguin）将鸭肉放在烤架上，像烤肉那样烘烤。随后，他又发明了搭配这道菜的青椒酱。但是，直到1970年，美国最畅销的小说家罗伯特·戴利（Robert Daley）在《纽约时报》上发表了一篇好评如潮的文章，文中提到他曾在法国吃到一种从未吃过的肉——鸭胸脯肉。这道菜才广为人知。

3 为什么叫"鸭胸脯肉"（magret）?

　　尽管被脂肪所包裹，但鸭胸脯肉仍然算是一种瘦肉。您发现其中的关联了吗？还没有吗？瘦肉（Viande maigre）的概念大于鸭胸脯肉（magret）。此外，我们发现这块肉也会被写作"maigret"（译者注：即包含瘦肉的意思）。

鸡和鸭的知识

从为什么到怎么做

为什么说烹饪前用水将鸡清洗干净的行为很不明智？

鸡皮上有很多细菌，因为活鸡会在粪便上踩来踩去。长期以来，人们习惯于将鸡用水清洗后再保存。这就是问题所在，如果我们这样做的话，就会把很大一部分细菌带到我们的水槽周围，我们的手上也会沾染细菌。千万不要用流动的水来清洗鸡，反正鸡被煮熟后所有的细菌都会被杀死的！

为什么说在烤鸡前将鸡在盐水中浸泡一下很重要？

当我们将鸡放在盐水中浸泡一夜以后，盐有足够的时间渗透到鸡肉里。盐能改变蛋白质的结构，并且可以防止鸡肉在烹饪的过程中因收缩而将肉汁排出。这样做会让鸡肉保留更多的汁水。最有效的腌制方法就是将整只鸡放进含盐量6%的盐水中浸泡一夜，也就是说每升水中放60克盐。然后将其取出，冲洗一下再用厨房吸水纸将其擦干，最后放进烤箱里。

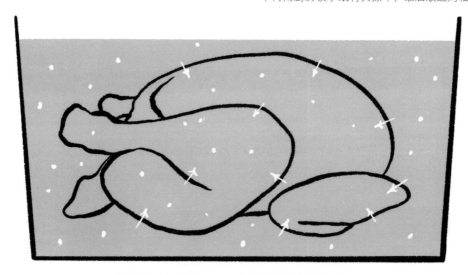

把鸡放入盐水中浸泡12～24小时可以让盐渗透进鸡肉里，
从而使烹饪好的鸡肉更加多汁

为什么还要把鸡放进冰箱里晾干2天？

如果您打开鸡的包装后，将其放在冰箱里的架子上放置2天，鸡皮会慢慢地变干。而当鸡皮变得干燥后，您会惊奇地发现烤出来的鸡皮相当的松脆。如果您想精益求精的话，也可以在鸡的表面撒些盐，以加快水分蒸发的过程。如果您不想用2天的时间晾干鸡皮的话，还有一个非常好用的小技巧：把鸡放在烤架上，放进烤箱，打开解冻模式。该模式会启动风扇，让空气流动起来，并且加快鸡皮变干的速度。但这样做也至少需要8小时或者一晚的时间，才能达到良好的效果。

为什么在烤鸭子前要将鸭子先用沸水烫一下？

烤鸭的精华就在于非常酥脆的鸭皮。就和制作烤鸡的原理一样，鸭皮在慢慢地晾干后烤制出来会比较松脆。我们会仿照前面的做法让鸭子在微风中晾干，但是，为了防止流动的空气传播鸭子身上的细菌，我们会先把鸭子放进沸水中烫2～3分钟。啊哈，所有的细菌都被杀死了，这样我们就能放心地晾干鸭皮，而不用担心细菌会污染其他食材了。

在晾干前将鸭子用沸水烫一下，
可以消灭细菌

为什么在烹制鸭脯肉前要在鸭皮上划十字刀？

常见的解释是"这样做是为了防止鸭皮收缩"。对不起，这种说法实在是太愚蠢了！在鸭皮上划上十字刀口以后，鸭皮依然会以同样的方式收缩，因为之前划开的切口之间的缝隙就是因为鸭皮的收缩而产生的。话虽如此，我们仍然要坚持这么做，却是因为另一个原因：当鸭皮开始收缩时，鸭肉中的脂肪就会更容易融化并且流出来。这样做，鸭脯肉的脂肪会更细腻，鸭肉的味道也会更丰富。

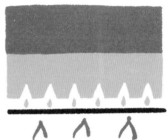

在鸭皮上划十字刀，
能够使鸭肉中的脂肪更易融化并流出

真相

为什么肥鸭肝要比肥鹅肝好？

不，不，不，不是这样哦！肥鸭肝并没有比肥鹅肝好，完全没得比！肥鸭肝的味道更加明显更加浓烈，同时，肥鸭肝的口感也很软嫩，并且同样有着漂亮的米橙色。但是，肥鹅肝的口感却更加细腻，更加美味，余味更加绵长，在烹饪的过程中缩水的体积较小，但它的颜色有些发灰，会让人没有食欲。之所以现在市面上肥鸭肝比较多，是因为鸭肉的销量比鹅肉的销量要大得多。

为什么无法将肥鹅肝里的"神经"剔除呢？

原因很简单，因为肥鹅肝里根本没有神经。那么，如果没有神经，我们自然无法将它剔除啦。相反，肥鹅肝里有一些静脉。因此，我们只能剔除肥鹅肝中的"静脉"，但却无法剔除里面的"神经"。

绞肉和香肠

星期三的牛肉饼和玛米·科莱特（Mamie Colette，作者注：法国巴黎的一家餐厅）的土豆泥香肠，这些都是孩子们的最爱，但同时又是大人们的噩梦，因为他们总是会想，这里面到底有些什么？但幸运的是，我们找到了解决这个问题的办法！

嗯！

为什么不要购买超市里用保鲜膜包裹着出售的绞肉？

超市用保鲜膜包裹着出售的这一堆（伪劣的）绞肉里，人们永远不会知道里面混进了动物身上的哪块肉（实际上，这些绞肉通常都是用最差的肉，那些卖不出去的肉，将它们混进绞肉里，人们难以识别）。更可怕的是，您永远都不会知道这些肉到底来自哪些动物：实际上，人们会将数百千克剩下的肉放进大型机器里，所有肉都混合在一起，然后被绞碎。最后，您可能会在一盒绞肉中发现上百种不同的动物。我可不是在开玩笑，这真是件很可怕的事。

为什么应该先挑选好肉再让肉店老板绞成肉糜？

您完全没有必要选择肉店老板已经放在绞肉机里的肉，您可以要求老板将您自己选好的肉绞成肉糜。一名好的肉店老板是乐于这样做的。并且这样做，您可以买到更合您口味的绞肉。

为什么说自己做绞肉是个非常非常棒的想法？

嗯，关于这一点，其实关系不大。您只需要坚持自己选肉，就可以改变一切了！如果喜欢味道浓郁些的肉，您可以选择牛膈柱肌肉，如果您喜欢味道不是很重的肉，就选牛肩肉。您可以根据您自己的食谱选择添加肥肉的比例：如果制作需要长时间烹饪的菜肴，那么至少需要添加20%的肥肉，如果是制作短时间烹饪的菜肴，那么肥肉比重在10%～15%之间就足够了。您也可以用小牛肉、猪肉或者家禽肉来做绞肉。家里完全没必要配备绞肉机，带有刀片的电动搅拌器就很好用。但在使用电动搅拌器绞肉时，一定要选择点动，这样做才能保留绞肉的组织，不至于将绞肉打成肉泥。

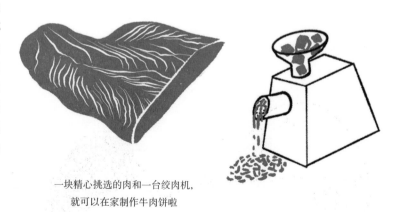

一块精心挑选的肉和一台绞肉机，
就可以在家制作牛肉饼啦

为什么在做牛肉饼之前必须先解冻?

我们难免吃到煎得过老、很干,并且很难吃的速冻牛肉饼。而且,我们还会把它们给我们的孩子吃。坦白说,我们应该为此感到愧疚。那么,究竟发生了什么呢?通常情况下,热量会将牛肉饼的表面解冻,然后才会渗透到肉饼的中心,这时,4/5的牛肉饼已经被煎过头了。我们完全可以做得更好。如果您愿意好好回忆一下小学四年级所学的数学的话,您会看到,这其实很简单。

当您在烹饪速冻牛排时,牛排会从-18℃上升到50℃(将牛排煎至五成熟的温度)。那么我们的牛排则经历了从-18℃~50℃的温度变化,也就是说温差是68℃。结果就是,烹饪的时间过长,肉变得很干。

如果您烹饪的是预先放在冰箱冷藏室中解冻过牛排,它取出来时的温度是5℃,那么牛排的温度从5℃上升至50℃,温差只有45℃。这样一来,烹饪的时间就要短得多,并且会更加多汁。这已经好很多了。

如果您烹饪的是先放在冰箱冷藏室解冻然后又放置在室温下的牛排,那么牛排的温度只需要从20℃上升到50℃,也就是说温差只有30℃。这样的牛排多汁,外表上色均匀,而其他部位也不会太老太干。

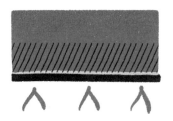

68℃是将牛排的中间部分煮熟的温度。当热量传递到牛排中间部位时,有一定厚度的牛排表面已经煎得太老了

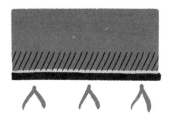

45℃是放在冰箱冷藏室里解冻过的牛排在烹饪过程中需要升高的温度。当牛排的中心部位开始被加热时,牛排的表面还是已经有一点煎得过头了

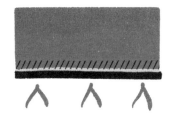

30℃是放置在室温下的牛排需要升高的温度。在牛排的表面煎得过老前,热量完全有时间渗透到肉里

注意啦!技术问题!

为什么绞肉很难保存?

当我们把肉绞碎时,给肉平添了许多暴露的表面,绞肉间的缝隙非常有利于细菌的繁殖。因此,绞肉是一种非常脆弱的肉,必须小心处理并尽快食用,也就意味着必须在购买后24小时内食用。

为什么绞肉在烹饪的过程中大部分肉汁会流失?

肉主要是由纤维和大约70%的水构成。在烹饪的过程中,纤维被加热后开始收缩,一些肉汁就会从纤维末端排出。但是,当肉被从各个方向绞碎后,这些纤维中的大量肉汁会迅速流失,然后肉就会浸泡在它们所排出的肉汁中,这样肉排表面的汤汁就不容易收干,也很难煎至上色。最后,我们做出来的肉,味道平淡,因为表面没有很好地上色,而且肉里的汁水也都流光了。彻底的失败……

绞肉和香肠的知识

为什么不要用绞肉来制作意大利肉酱（SAUCE BOLOGNESE）？

因为绞肉真的没什么香味并且在我们想要将肉煸炒上色的时候很快就干掉了，因此，用这样的肉来制作肉酱岂不是很傻吗？此外，在意大利，人们一般不会用意大利肉酱这个词，而是会用博洛尼亚肉酱（sauce al ragù）一词，并且人们会选用需要长时间炖煮的肉来制作，如熬汤用的牛肉（请参见"意大利肉酱面"）。但如果您执意要用绞肉来制作意大利肉酱的话，我这里有个小秘诀：用一口大锅，开大火，将1/3的绞肉放进锅里煸炒至焦褐色（尽管这部分肉会变干，但它们可以吸收已经煸炒上色的那部分肉的香味），然后再放入剩下的2/3绞肉（这部分仍然保持着多汁的口感并且味道浓郁）和番茄。

为什么不能用绞肉来做鞑靼牛肉（TARTARES）？

绞肉没什么韧性，通常我们吃的时候不需要怎么咀嚼，因为没有什么可嚼的。但如果是用刀切出来的肉，里面就会包含一些富有嚼劲的小碎块。而且，在咀嚼的过程中，我们就有足够的时间来感知肉酱的味道，其中包含了酱汁的味道以及香草的味道。此外，您还可以自己选择制作肉酱的肉块。我的妻子就不喜欢味道太重的牛肉，她更喜欢选用膈柱肌肉来制作鞑靼牛肉。您也可以选择味道更淡的牛肉来制作。选择您喜欢的，这才是最重要的。

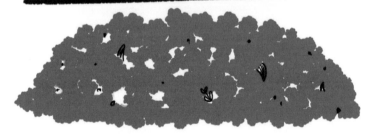

在用刀切的鞑靼牛肉里，会吃到一些有嚼劲的肉粒，
令我们可以仔细品味这道菜里所有的味道，但在用绞肉制作的鞑靼牛肉里，
没什么可嚼的东西，人们通常会囫囵吞枣般地直接咽下去，尝不出任何味道

为什么人们会在自制的肉丸里添加鸡蛋、少量面包屑以及其他一些材料？

问题在于将肉丸放在酱汁中煮熟需要很长的时间，同时只有这样肉丸才能吸满酱汁的味道。那么，为了防止我们的肉丸变干并且散开，我们就必须往里面添加许多特殊的材料：蛋黄是为了保持肉丸的湿润，蛋清是为了让肉丸粘在一起不散开，泡过牛奶的面包屑仍然是为了增加肉丸湿润的口感和软嫩度。

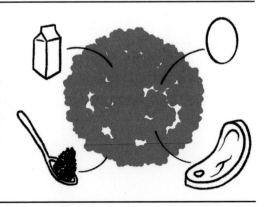

为什么在家制作香肠时要先往绞肉里加盐？

如果您想自己制作香肠的话，提前一晚往肉馅里加盐，然后再将肉馅灌进肠衣里。这和我们制作肉冻和肉酱是一个道理。盐会渗透进肉里，改变蛋白质的结构并且能够减少肉馅中肉汁的流失（请参见肉冻和肉酱，以及盐）。这就是制作美味多汁的香肠的秘诀。

为什么千万不要将香肠 (SAUCISSE)、小香肠 (MERGUEZ) 和其他猪肉小香肠 (CHIPOLATA) 刺破？

肠衣可以保持肉馅的湿润。同时也能锁住油脂，这些油脂在烹饪的过程中会微微融化。如果您把香肠刺破了，那么香肠湿润的口感就消失了，融化的油脂也会流出来，您吃到的香肠就会比原来的口感要干。此外，在烧烤时，如果您将香肠刺破的话，油脂就会流出来，滴在木炭上，使木炭起火并且会将油亮的香肠烤焦。因此，千万不要把香肠刺破，千万不要！

看吧！所有原本应该包裹在香肠里的东西都流了出来，香肠烤焦了。简直是彻底的失败！

为什么最好不要购买现成的香肠肉糜，而要自己做呢？

天呐！那是因为您不知道肉糜里放了什么。通常人们会将卖相不佳、味道不好、口感不嫩，但却很肥的肉打成肉糜。然后加入很重的调味料调味，再加入干香草增加香味。这种准备好的肉糜就和超市里出售的绞肉一样。千万不要在它面前驻足！自己制作香肠肉糜的话，您可以加入您喜欢的材料，还可以加入真正美味的新鲜香草，并且选择不同部位的肉等。

已证明！

为什么有的香肠在烹饪的过程中会裂开？

当香肠的内部被加热后，香肠里的一部分水分开始蒸发，转变成水蒸气。问题就在于水蒸气所占的体积比水要大，而且，真的要大得多。准确地说，水蒸气的体积是水的1700倍。因此，当香肠里的一部分水转化成水蒸气后，香肠就会开始膨胀。唯一可以阻止香肠爆裂的只有肠衣。如果肠衣的质量过硬的话，香肠就能承受住体积的增大，但是如果肠衣比较劣质的话，香肠就会裂开，这说明香肠的肠衣质量不好或者烹饪的温度太高了。

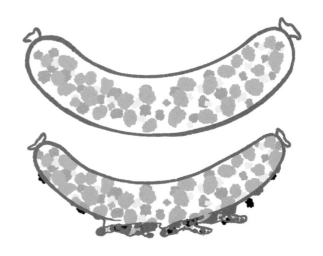

鱼的品质

我想有的孩子一定认为鱼天生就是方的并且包裹着面包糠。
鱼简直就是上天赐予人类的瑰宝，无论是味道、口感还是营养价值都非常好。
方的鱼是不存在的。

为什么有些鱼的背部是蓝绿色的？

这些鱼包括鲔鱼、凤尾鱼、沙丁鱼、胡瓜鱼、金枪鱼以及鲣鱼，这些都是浮游鱼类，也就是说它们总是会在离水面很近的区域游动。它们背部的蓝绿色是它们的保护色，保护它们不被掠食者发现，因为这是天空映射在水里的颜色。这些鱼一般会成群结队地行动，这样就能降低每条鱼被捕杀的可能性，也能防止迷失方向。

惊奇！

为什么扁平鱼是扁平状的？

这种鱼其实出生的时候和其他鱼一样，也是头的两侧各长一只眼睛的。后来，当它们还是幼鱼的时候，它们选择平躺着游动，就这样，慢慢地，下面的那只眼睛转移到了上面。这类鱼成年后，平躺在水底的沙土、泥沙和砾石上，灰色的那面朝上以躲避掠食者。大菱鲆和菱鲆是左撇子，因为它们的嘴在眼睛的左边；而舌鳎则是右撇子，因为它们的嘴在眼睛的右侧。

注意啦！技术问题！

为什么鲨鱼的鱼鳞非常特别？

大多数鱼的鱼鳞是扁平的圆形，鱼鳞主要起保护作用。而鲨鱼的鱼鳞则大不相同，它们是弯曲的，指向后方，带有微小的凹槽，看起来好像牙齿一样。鲨鱼鱼鳞的形状和起伏的表面可以将水引流到凹槽里，从而制造旋涡，减少水的阻力，以及各种急流和水流的正面阻力，从而使鲨鱼可以在水中静悄悄地游动。研究表明，鲨鱼的鳞片使其比扁平圆形鳞片的鱼游得更快。这一特性，人们称之为"减阻效应"（Effet Riblet），这一原理同样被空气动力学家运用到航空领域和一级方程式赛车的领域。

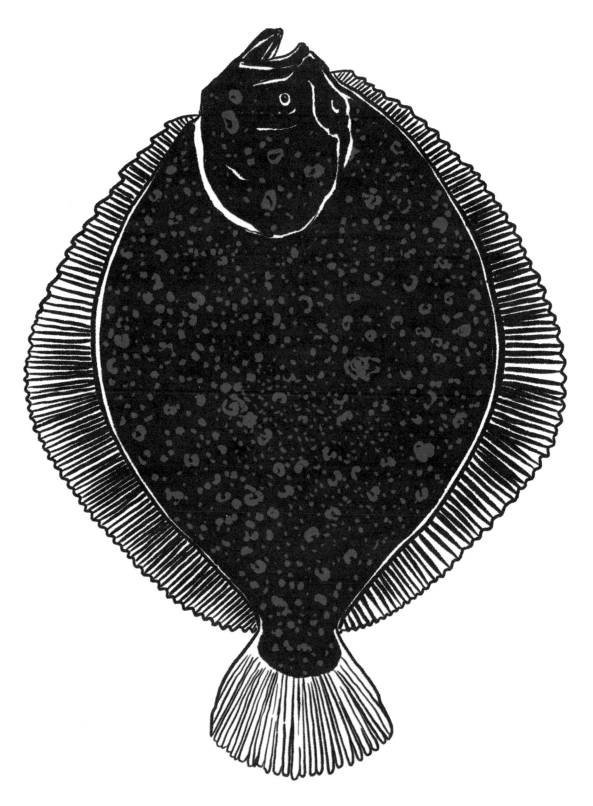

关于鱼的品质

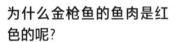

为什么大多数鱼的鱼肉是白色的?

因为鱼是漂浮在水中的,因此它们不需要肌肉来支撑它们的身体。它们顶多需要一些肌肉来迅速逃离掠食者的捕杀。但是,这些肌肉需要提供的是速度和爆发力,所以它几乎不含肌红蛋白。肌红蛋白是一种将氧气输送到耐力肌肉的红色蛋白质(请参见肉的颜色)。由于几乎不含红色的肌红蛋白,所以鱼肉的颜色比较淡,甚至是白色的。

鳕鱼

为什么金枪鱼的鱼肉是红色的呢?

金枪鱼家族的鱼都游得很快,并且可以游很久很久。水的阻力越大,它们的速度越快。由于它们的肌肉必须变得强壮而结实,因此肌肉必须含有更多的肌红蛋白,所以金枪鱼的鱼肉是红色的。

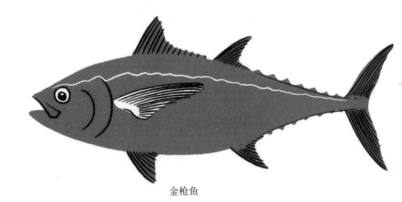

金枪鱼

为什么三文鱼和鳟鱼的鱼肉是橘色的呢?

啊! 这些鱼有些与众不同,它们的肌肉里含有一种特殊的物质,即一种鲜红色的蛋白质——虾青素。通常一些小的甲壳类生物富含这种物质,例如,虾等,而三文鱼和鳟鱼就以此为食。此外,也正是这种蛋白质赋予了煮熟的龙虾亮丽的红色。

三文鱼

关于三文鱼的三个问题

❶ 为什么野生三文鱼比养殖的三文鱼要好?

    首先,野生三文鱼的食物随四季和捕鱼地点的不同而变化,因此三文鱼的味道丰富又复杂。由于要付出更多的努力来寻找食物,因此它们的肉质地紧实,脂肪含量比它们的兄弟——那些用大网养殖在海里或是养殖在陆地上大池子里的三文鱼要低。那些养殖的三文鱼一年四季吃的食物都是人们挑选的令它们能够快速长大、长膘的食物。

❷ 为什么三文鱼肉上棕色部分味道欠佳?

    三文鱼的这部分肌肉是负责提供游动所需的耐力的。因此它包含了很多肌红蛋白。这就和金枪鱼的核心肌肉一样,有一股带有刺激性的金属味。

❸ 为什么说三文鱼的颜色并不是品质的象征?

    我们已经说过了三文鱼的粉红色源于它们所吃的食物。对养殖的三文鱼而言,人们会精心挑选食物以确保它们的肉长年保持稳定的、亮泽的橘色。甚至还有测试虾青素含量的色卡(就像涂料的色卡一样)。虾青素就是赋予三文鱼橘色的蛋白质! 对野生三文鱼而言,鱼肉的颜色则取决于它们所在区域可以吃到的食物: 阿拉斯加三文鱼的颜色就很红,因为它们的食物以挪威地区的浮游生物为主,例如: 冷水里的小虾子。而波罗的海三文鱼则呈现淡淡的粉色,因为它们的食物以鲱鱼和海草为主。

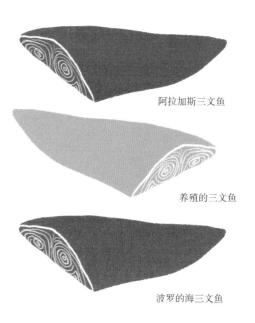

阿拉加斯三文鱼

养殖的三文鱼

波罗的海三文鱼

为什么人们说吃鱼会让人变聪明?

    人们总是不厌其烦地对孩子说:"把鱼吃掉,它会让你变聪明!" 呃,好吧,这是真的,但是,请注意,这取决于吃什么鱼以及鱼的烹饪方式。只有多吃富含脂肪的鱼,才能让你"变聪明",因为这些鱼富含omega-3,这种物质可以让人们大脑中的神经细胞更好地工作,更好地连接某些神经元,从而促进学习、发展智力、加速思维等。omega-3对中枢神经乃至视网膜都非常有益。但是,千万不要用任何方式去破坏鱼肉里所含的omega-3!彻底忘了炸鱼吧,选择蒸或烤的烹饪方式。为了让鱼肉变得更加美味,别忘了往里面加一些黄油焗小蔬菜和新鲜的香草。非常适合孩子吃的鱼类包括: 三文鱼、鲔鱼、鲱鱼、沙丁鱼、金枪鱼、鳟鱼和鲛鲢鱼。但也不能同时吃那么多种鱼哦,要合理地安排孩子的食谱。

鱼的挑选与保存

生活中不是只有冷冻的鱼，也有新鲜的！

不管怎样，我们都应该了解一些挑选和保存鲜鱼的小技巧，才能吃到优质的鱼。

这一点都不复杂，我向您保证！

为什么不能直接将鱼放在冰块上保存？

我们从不会直接将鱼放在冰块上！从不，从不！高品质的鱼通常会用一张纸包裹着放在冰块上，主要因为两个原因：

1. 我们知道冰块会把鱼"冻熟"，它会通过改变鱼的分子结构而彻底破坏鱼肉。

2. 我们还知道一旦冰块化成水，就为细菌的繁殖提供了超级合适的环境，这也进一步缩短了鱼的保质期并降低了鱼的品质。

为什么说鱼也是季节性的？

在一年当中，有些鱼要迁徙、繁殖，有些鱼会找不到有品质的食物等。因此，鱼肉的品质是无法保持稳定的。在产卵前，鱼会开始聚集能量，这一时期的鱼肉味道最佳。然后，鱼会利用它们贮备的能量进行迁徙和产卵，此时的鱼肉就会变得平淡无味，肉质松软。例如，狼鲈（bar）就是在年底的时候味道最佳，而海鲂（saint-pierre）肉质最佳的季节是夏季。您可以了解一下各个季节适宜食用的鱼类。这也是因国家而异，甚至是因地区而异的。

为什么要挑选眼睛明亮、鱼鳃鲜红、皮肤光滑并有些微微发黏的鱼呢？

因为这些都是判断鱼是否新鲜的重要指标！

眼睛含有水分，看起来就是饱满的、透明度高。这些水分是会随着时间的流逝而蒸发掉的，而眼睛就会慢慢地瘪下去。透明的眼珠也会起一层灰白色的雾气，渐渐变得浑浊。因此，我们必须选择眼睛明亮的鱼。

鱼鳃是红色的，因为它含有很多肌红蛋白，与氧气接触后颜色就会变暗。因此，鱼鳃的颜色越深，甚至变成了棕栗色，就说明鱼在空气中暴露的时间越久，当然也就越不新鲜啦。

鱼的皮肤上覆盖着一层滑滑的黏液，这是水生动物自我保护的屏障。如果鱼是新鲜的，这层黏液是湿润的，有些微微发黏，但如果这层黏液变干了，说明这条鱼已经从水里捞出来很久了。

为什么鱼变质的速度那么快?

并不是所有鱼变质的速度都一样。淡水鱼即使已经变质了,闻起来味道也不会很臭,但是海鱼变臭的速度非常快。在众多海鱼中,某些皮肤特别薄的鱼,如鳕鱼或者鲔鱼,发臭的速度比其他海鱼还要快。这种难闻的气味源于三个原因:

1. 活的海鱼可以调节自身的含盐量。海水中盐的含量为3%,而海鱼身上的含盐量至少是海水的3倍。当海鱼死后,这种调节含盐量的物质被降解,并且会生成少量的氨气。

2. 海鱼活着的时候,其免疫系统可以保护其不受皮肤、鳃以及肠道内的细菌侵害。但是,海鱼一旦被捕获,它们的免疫系统就会关闭,某些细菌就会渗透到鱼肉里,并产生甲胺。甲胺是另一种氮气的衍生气体,并且形成的数量更多。

3. 还有其他化学反应也生成难闻的气体,如带有臭鸡蛋味的硫化物、醋酸味甚至是腐烂的味道。总而言之一句话,不新鲜的海鱼,闻起来真的很臭!

为什么在将鱼放进冰箱里储存前,一定要快速地用水冲洗然后再擦干呢?

如果鱼贩没有帮您将鱼的腹腔掏空,一定要尽快用流动的水将鱼冲洗干净,以去除鱼肠内携带的部分细菌,当然也包括鱼体内和鱼皮上的某些细菌。冲洗过后,鱼也就不再会黏糊糊的了(①)。然后,把鱼擦干,以防止其与水接触时其他细菌的滋生(②)。最后,将鱼用包鱼的纸或者保鲜膜包裹起来,以防止鱼与空气中的氧气接触(③)。

为什么要耐心地等待几天才能烹饪舌鳎鱼?

首先,因为刚刚捕捞上来的舌鳎鱼的肉像木头一样硬,几乎一点味道都没有。关键是在烹饪的过程中,舌鳎鱼的结缔组织会收缩,鱼肉会自动卷起,无法与平底锅贴合。这真是悲剧!因此,当天捕捞的舌鳎鱼是不能吃的,必须耐心地等待3天,等到鱼肉慢慢变软,不饱和脂肪酸"成熟"了,鱼肉的味道就会变得相当丰富。

注意啦!技术问题!

为什么当我们用清水浸泡海鱼的时候要经常换水呢?

当我们用清水浸泡海鱼时,鱼肉中的盐分会慢慢流失(这正是我们所要达到的目的),盐分会融进浸泡海鱼的清水里,这就是所谓的渗透作用。问题在于,水只能溶解一定数量的盐(达到一定的程度,盐水就饱和了),那么海鱼中所含盐分转移的速度就会越来越慢,并且越来越不容易转移到水中。经常换水就能解决您的困扰,让您能够更快、更高效地泡出海鱼里的盐分。

日 本 鱼

忘了用冷冻鱼片制作的寿司吧。

在日本，鱼就是一门哲学、一门艺术，还会给我们带来很多人生的启示。

为什么日本人很爱吃鱼呢？

首先，日本是一个由近7000个岛屿组成的岛国，大部分人口居住在沿海地区。对日本人而言，大海无处不在。其次，您要知道，从佛教传入日本以来直到7世纪，肉类在日本都是被禁止买卖的，直到1870年，明治天皇才重新允许人民吃肉。在这样的环境中，日本人开始将海鲜作为他们的重要食物，并延续了上千年。这一习惯也保留至今。最后，日本是一个以山地和火山为主的国家，在这样的地形环境下，想要发展农业是非常困难的。事实上，与其说在日本捕鱼和鱼类的加工是一门艺术，不如说日本人在长达几个世纪以来充分发挥了自己的专长。

注意啦！技术问题！

为什么说用"活缔法"（IKÉ-JIMÉ）杀鱼可以赋予鱼肉意想不到的美味和口感？

在这里，我要向非日本友人介绍一种从未体验过的味道和口感：真正的鱼味！哦，我仿佛听到您在说您知道鱼的味道。不！对不起！您不知道！您并不知道什么是"真正的鱼味"，您所了解的仅仅是"死鱼的味道"，正如日本人所说，那是在渔船的甲板上慢慢死去的鱼的味道。

另外，当鱼受到刺激承受压力时的反应和其他动物一样：鱼肉会变硬，鱼的肌肉会迅速僵硬，以至于鱼肉的纤维在张力下大量地断裂。鱼一旦经历了死亡前的僵化，鱼肉将不再富有弹性。

"活缔法"的原理就是要避免这种情况的发生：它不会让鱼在经历长达15分钟的窒息后死亡，而是令它在不到一秒钟的时间内死亡，没有任何感觉，没有任何压力。

1. 用一根金属棒在鱼眼睛上找准小脑的位置，然后钉下去，轻松地杀死每条鱼。这种方法简单、快捷，没有痛苦，一眨眼的工夫鱼已经死了。

2. 在鱼尾处切开一个缺口放血。

3. 我们将另一铁丝插入鱼的中脊，将脊髓移除。

通过这种方法，死鱼的身体会慢慢地僵硬，肌肉纤维也只会轻微地收缩，不至于断裂，并且会重新舒展开。

最后，我们把杀好的鱼"熟成"或者"熟化"两周左右，这会让鱼肉变得嫩滑且富有弹性，并且可以释放出大量非常美味的氨基酸（请参见熟成）。

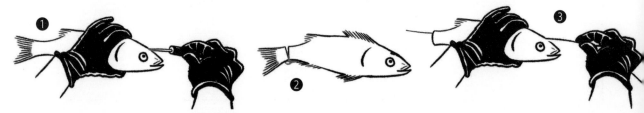

为什么亚洲人的过冷法（over-chilling）可以延长鱼的保质期？

人们通常认为将鱼放进冰箱的冷藏室，也就是温度在0℃～4℃保存，效果是最好的。但是，在亚洲，尤其是在日本或者韩国，人们会将鱼放置在非常干燥的环境中贮存，贮存的温度也会更低一些，一般在-2℃～-3℃。在这个温度下，鱼不会被冷冻，因为

只有当冰箱的核心温度达到-18℃时，才会被冷冻。这种方法被称为"过冷法"，我们也可以理解为"太冷"或者是令水"结冰"的温度，这种方法可以大大地减少细菌的繁殖。这样一来，这些鱼的保质期延长了一倍，并且不会影响鱼肉的品质。

为什么在日本找不到三文鱼寿司？

三文鱼可能含有只有通过煮熟或者冷冻才能杀死的寄生虫。但是，最重要的是，日本人发现三文鱼有一股令人讨厌的泥土般的回味。在日本的高档寿司屋里，我们是绝对不会看到有三文鱼寿司出售的。

为什么金枪鱼刺身会有不同的味道？

金枪鱼的中脊周围分布着很多肌肉，这些肌肉都结实有力，因为它们是用来负责游动的，它们含有大量的肌红蛋白，并且不能生吃。我们在日本的餐厅吃到的金枪鱼一般来自3个不同的部位，从最瘦到最肥，从颜色最暗到颜色最鲜亮，分别是：赤身（haka-mi）、中腹（chû-toro）和大腹（ô-toro）。最后一个部位的鱼肉需要稍稍熟成，等到鱼肉纤维的结构被破坏后，才会变得易融于口。鱼片越肥，越容易在舌尖融化，就像和牛的脂肪一样。

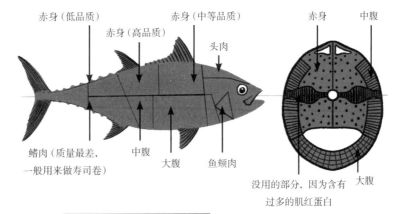

赤身（低品质）　赤身（中等品质）　赤身　中腹
赤身（高品质）
头肉
鳍肉（质量最差，一般用来做寿司卷）　中腹　大腹　鱼颊肉
没用的部分，因为含有过多的肌红蛋白　大腹

关于河豚的两个问题

为什么说河豚可能是致命的？

河豚是一种主要产自日本的鱼。它的肝脏、肠道、卵巢、肾脏、鳃和眼睛里都含有一种致命的毒素——河豚毒素。而且我们必须清楚，这种毒素是没有解药的。这种毒素首先能够阻断神经系统发来的信号，然后使肌肉和隔膜瘫痪。几个小时后，食用者就会窒息身亡，而在这段时间里，他完全能够清醒地意识到自己身上发生的一切。今天，大部分河豚都来自养殖场，是无毒的，但它们的肉质也是无法和野生河豚相提并论的。

河豚为什么那么稀有和珍贵呢？

在日本，只有经过数年学习并获得国家河豚厨师文凭的大厨才有资格做河豚料理。这也就充分说明了制作河豚料理的复杂性。当然，在品尝河豚刺身时，内心难免会产生一些恐惧感，但它弹韧的质地、入口即化的口感、微微酸甜的回味绝对会让美食爱好者欲罢不能。

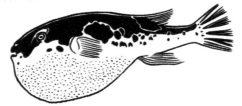

鲟鱼卵和其他鱼卵

是的，鲟鱼卵就是人们常说的鱼子酱，很贵的那种。

这是一种奢侈品，就像非常好的红酒一样。但是，它真的很好吃！

坦白说，您先去品尝一瓶上好的鲟鱼子酱或者一瓶完全成熟的腌鲻鱼子（poutargue），

我们再来讨论这个话题。

惊奇！

为什么说鲟鱼是一种很特别的鱼？

鲟鱼是一种多骨的、无鳞的鱼，它们像爬行动物一样，在泥泞的海底慢慢地移动。它们以无脊椎动物和小鱼为食，并且具有能够在空气中生存几个小时的特点。和三文鱼一样，鲟鱼是一种溯河产卵的鱼，它们在淡水中产卵。小鲟鱼出生后，顺着河流进入港湾，再进入大海，然后再逆流而上，重新回到江河里，进行新一轮的繁殖。鲟鱼是现存鱼类中最古老的种族，它们的踪迹可以追溯到1亿多年前，与恐龙是同一个时代的！

为什么鱼子酱会有不同颜色？

鱼卵的颜色取决于产卵的鱼类，但同时也取决于该种鱼中不同的个体。另外，腌渍的过程也会让鱼卵颜色变得更深：奥西特拉鲟鱼子酱是金色或浅棕色的，大白鲸鱼子酱是或深或浅的烟灰色，闪光鲟鱼子酱是深灰色的，欧洲养殖场里最常见的品种是西伯利亚鲟，这种鲟鱼产的鱼卵是深红褐色的，白鲟产出的鱼卵则是深黑色的。

为什么鲟鱼卵的大小不一？

这同样取决于产卵的鱼类及体型。产卵的鲟鱼体积越大，鱼卵也就越大。

最小的鱼卵大约在 2 ~ 2.5 毫米之间：

西伯利亚鲟（鱼身长度0.5～1米，重量7～30千克）鱼子酱

闪光鲟（鱼身长度0.7～1.5米，重量30～80千克）鱼子酱

白鲟（鱼身长度0.7～1.3米，重量20～80千克）鱼子酱

中等大小的鱼卵大约在 2.5 ~ 3.5 毫米之间：

奥西特拉鲟鱼子酱（鱼身长度1.5～2米，重量80～150千克）

"阿穆尔河"鲟鱼子酱（鱼身长度1.5～2米，重量100～190千克）

最大的鱼卵大约在 3.5 ~ 4 毫米之间：

卡露伽鱼子酱（鱼身长度1.5～6米，重量100～1000千克）

大白鲸鱼子酱（鱼身长度1.5～6米，重量100～1000千克）

鱼子酱为什么那么贵？

首先，鲟鱼被过度开发，专门用于产卵，以至于到了20世纪末，鲟鱼已经濒临灭绝。如今，几乎全球所有地区都颁布法令禁止捕杀鲟鱼，而我们现在吃到的鲟鱼基本都是人工养殖的。

其次，鲟鱼性成熟得很晚，至少长到3岁，人们才能辨别出鲟鱼的性别。6～9年的雌鱼可以产出小号的鱼卵，而要产出大号的鱼卵，如大白鲟，则需要15～20年。而每条鱼只能产卵一次。

鲟鱼子的拿取和加工都是精细的技术活，并且是纯手工完成的。

1. **取卵**是指从已经被打晕并放了血的鲟鱼身上**取出卵巢**，就是一个装有鱼卵的小袋子。

2. **过筛**是指筛去鱼卵上细小的外皮和隔膜。

3. **加盐腌制**，是为了延长鱼卵的保存期限，但盐的品质和数量也会改变鱼卵的结构和品质：盐太少，鱼子酱很容易变质，盐加得太多，鱼卵容

易变得干瘪并且粘在一起。鱼子酱中盐的浓度从3%～10%。最不易保存的马洛索鱼子酱（caviar Molossol，又称为低盐鱼子酱）中盐的浓度为3%，最咸、最不易变质同时品质也是最次的鱼子酱中盐的浓度可以高达10%。

4. **风干**是指将腌渍后鱼卵中排出的水分去除。如果过度风干的话，鱼卵就会变得干瘪并且粘在一起；风干的程度不够的话，鱼卵的味道又会被多余的水分冲淡。这一步骤的持续时间大约在5～15分钟。

5. **装瓶**同样也是非常讲究的精细操作：要去除所有的气泡和多余的水分，同时需要保持足够湿度和空间，以防止鱼卵被挤压。

6. 然后就可以将鱼子酱放在温度设定为−3℃的冷藏室中开始**熟成**，盐可以阻止鱼卵在这样的温度下结冰。根据鱼子酱的种类、大小、育种的起源以及产品销售地区的不同，熟成的方法也不尽相同，通常在熟成3个月以后，鱼子酱的味道最诱人。

❶　❷　❸　❹　❺　❻

为什么鱼子酱那么美味？

品味鱼子酱先从用眼睛看开始：它的光泽、亮度、颜色、鱼卵的大小，以及每颗鱼卵大小是否均匀。然后才开始用嘴品。我们将鱼子酱放在舌头和上颚之间滚上一圈，感受每一粒鱼卵的结构、紧实度和弹性。然后，新鲜的味道喷涌而出，或多或少有些大海气息，并夹杂着榛子、腰果、黄油的香气。

大白鲟鱼子酱里的鱼卵外膜很薄，榛子和黄油的香气非常柔和，入口余味悠长。这是最负盛名的鱼子酱。

奥西特拉鲟鱼子酱里的鱼卵更为紧实，容易在口中滚动，大海和干果的味道微妙地融合在一起，非常的均衡。这是一款经典的鱼子酱。

西伯利亚鲟鱼子酱里的鱼卵也相当紧实，因此前味类似花果，随之而来的是清新的矿物感，再接踵而至的是木头的清香。

白鲟鱼子酱里的鱼卵味道最浓烈、入口余味最长，味道非常复杂，混合有淡淡的海洋的气息和新鲜坚果的香味。

为什么品尝鱼子酱一定要用牛角勺或者贝壳勺？

鱼子酱与银勺接触后会发生化学反应，使鱼子酱产生金属的味道。为了避免这种情况的发生，我们一般使用牛角勺或者贝壳勺，因为它们完全没有味道。

鲟鱼卵和其他鱼卵的知识

三文鱼卵

圆鳍鱼卵

鲻鱼卵

为什么雌鱼只产这些卵？

很简单，因为大部分鱼卵都被其他鱼吃掉了，而另一部分则无法受精。据统计，一颗鱼卵只有2‰～1‰的机会被孵化出来！即使孵化出来之后，还要经历幼体阶段，然后变成鱼苗。在此期间，它都可能成为众多掠食者的食物。

美味！

为什么鱼卵如此美味？

就和鸡蛋一样，每颗鱼卵都由一个可以繁殖新生命的中心细胞构成，其周围包裹着黏稠的液体，其中含有鱼卵受精后所需的所有营养成分。这些高度浓缩的营养液含有高达20%的脂肪和很多美味的氨基酸。

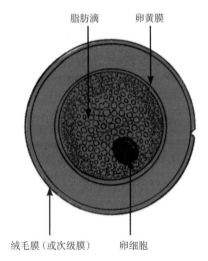

脂肪滴　卵黄膜

绒毛膜（或次级膜）　卵细胞

扑味！

为什么当我们咀嚼鱼卵时，它会在口中爆裂？

鱼卵有一层薄膜保护着，受精时，雄性精子必须将其刺穿。年幼的鱼卵比较紧实。成熟的鱼卵会被撑开以便可以完成受精。与其放在口中咀嚼，不如尝试着让鱼卵在您的舌头与上颚间爆裂；您可以完完整整地感受到它们的味道和香气。

为了更好地品味鱼卵，
必须让它们在
舌头与上颚间轻轻地爆开

关于三文鱼卵的两个问题

1 **为什么三文鱼卵也有季节性?**

三文鱼是一种溯河产卵的鱼,也就是说它们生活在海里,但是出生在淡水中,并且在淡水中产卵。根据三文鱼的生活区域(以及捕鱼的区域),在三文鱼卵被排出体外前,人们会将其取出。不同的地区,三文鱼产卵的季节大不相同:在北方,为了避免极端的寒冷和河水结冰,三文鱼产卵的时间较早;在更偏南方的一些地区,三文鱼大多在秋季产卵。

2 **为什么三文鱼卵和鳟鱼卵是橘色的?**

在"鱼的品质"部分我们已经介绍过三文鱼和鳟鱼的鱼肉是橘色的,这是因为它们以甲壳类生物为食。甲壳类富含虾青素,这是类胡萝卜素家族的一种天然色素。当雌鱼准备产卵时,虾青素进入卵巢,使鱼卵呈现橘色。它可以保护鱼卵免受光线造成的损害,同时也能够让雄鱼更容易找到它们以便于完成受精。

嗯!

为什么有的圆鳍鱼卵是红色的,有的却是黑色的?

圆鳍鱼(lump),又名浪浦斯鱼(lompes),是生活在北大西洋或波罗的海的一种小鱼。鱼卵原本是灰色的,但是人们会往里面添加红色或者黑色的色素,使它看起来更有食欲。这些颜色都不是天然的。

为什么鱼子酱(TARAMA)有的是白色的,有的却是粉色的?

鳕鱼子是白色的,鲻鱼子是粉红色的。至于人们在超市里可以买到的那种粉红色的鱼子酱(tarama),是被添加了人工色素。忘了那种伪劣的鱼子酱吧。真正的以鳕鱼子和鲻鱼子为主,加橄榄油、柠檬汁拌和的鱼子酱,口感轻盈、圆润,并且只含有鱼子、软面包、油或者鲜奶油,只有这些!

为什么腌鲻鱼子外面涂了一层蜡?

鲻鱼子腌制完成后要风干2周左右。鲻鱼的鱼子袋随后会被压扁并被涂上一层蜡。这层蜡可以保护鱼子不被空气氧化,并且能够让鱼子在最佳时机成熟,这样就能延长鱼子的保存期限。请注意,这层蜡是不能吃的,食用前我们会把它剥去!但只有在食用的前一刻才会剥去这层蜡,否则腌鲻鱼子会迅速干掉,失去口感!

用蜡将腌鲻鱼子
完整地包裹起来,
以防止它们变干

贝壳类海鲜

胡须、足丝、黏液、泥沙、贝黄、三倍体以及第一口水……
贝壳类海鲜细腻、碘化的味道，可以了解一下。
翻翻小词典，了解一下这些散发着潮汐味道的名词吧。

扇贝　　　　　贻贝　　　　　小扇贝　　　　　生蚝

竹蛏　　　　　　　蛾螺　　　滨螺　　　文蛤

为什么暴风雨过后我们总是会在海滩上发现蛾螺？

因为蛾螺是肉食性食尸动物，和龙虾一样。暴风雨来临时，它们会任由自己被海浪拍打，以靠近海岸，然后就开始享用那些被肆虐的暴风雨杀死的小动物们。

为什么鲍鱼在食用前一定要捶打一下？

因为鲍鱼的纤维很硬，必须要熟化后才能食用，就像牛肉的某些部位一样。当我们将鲍鱼的壳去掉以后（请放心，鲍鱼很快就会死掉），必须用小平底锅或者擀面杖捶打10次左右。然后我们通常会建议给鲍鱼按摩几分钟，然后再放进冰箱冷藏室熟化3～4天。它们的味道会变得非常鲜美。

为什么食用贝壳类海鲜前一定要把贝壳上的须去除？

这些须是贝类在进食时过滤海水用的，以确保它们的食物足够干净。因此在这些须里藏匿着很多海洋污染物。即使贝壳上只有少量的须，也要尽量避免食用。

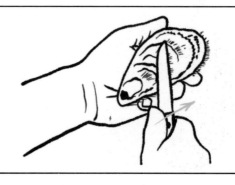

为什么在烹饪滨螺和蛾螺前要让它们先吐出杂质呢？

它们是海里的蜗牛，就像我们在陆地上见到的蜗牛一样，身上满是黏液。如果在烹饪前不事先让它们吐出杂质的话，滨螺和蛾螺将会被一团黏糊糊的东西所覆盖，黏液会在烹饪的过程中消失。为了避免这个麻烦，请把它们放入添加了少许醋的浓盐水中浸泡1小时，中途记得多换几次水。

为什么毛蚶（COQUE）、文蛤（PRAIRE）或樱蛤（PRAIRE）在吃或者烹饪前要放入水中浸泡一段时间？

这些都是擅长挖洞的贝类，它们生活在沙子或者泥土中。这些贝壳里通常都有很多沙子，为了将沙子清除，或者更确切地说，让这些贝壳将沙子吐出来，必须将这些贝壳放在浓盐水（与海水类似）中浸泡2～3小时。

浸泡毛蚶可以让它们将贝壳里的泥沙吐出来

为什么要将贻贝清洗干净后再去除足丝而不是在清洗前去除？

足丝，是贻贝身上长出来的小细丝。足丝使贻贝可以悬挂在支撑物上，如贻贝养殖场的木栅或者长长的藤蔓上。这些足丝紧紧地附着在贻贝肉上，将足丝扯下时，贝壳的口会微微张开。如果在清洗前将其去除，贻贝就会吸入一部分用于清洗它的水，并且导致部分风味的流失。因此，一定要将去除足丝作为烹饪贻贝前的最后一项操作。

为什么贻贝不需要浸泡？

与毛蚶、文蛤等贝壳类海鲜不同，贻贝不是生活在海底的沙土中。它们自带过滤功能，在进食浮游生物时可以过滤掉海水。如果您将贻贝放入水中浸泡的话，它们会继续启动这项过滤功能，从而导致一部分美味的流失。因此，清洗贻贝，您只需要用流动水冲洗就可以了。

用流动的水冲洗可以防止贻贝因过滤水分而导致美味的流失

为什么地中海贻贝个头最大？

地中海贻贝与人们在大西洋和英吉利海峡发现的贻贝品种不同，尽管人们渐渐地发现其实很多地方都有这种贻贝。实际上它的拉丁学名为"*Mytilus galloprovincialis*"，它的个头更大，但味道却比拉丁学名为"*Mytilus edulis*"的普通贻贝略逊一筹。地中海贻贝，通常被称为"西班牙贻贝"，最常见的做法是塞入肉馅，或者做成海鲜拼盘生吃。

养殖场养殖的贻贝

西班牙贻贝

贝壳类海鲜的知识

扇贝

小扇贝

为什么在禁捕期也会有扇贝出售？

在法国，扇贝的捕捞是受到严格的监管的。每年的10月1日到第二年的5月15日，可以捕捞扇贝，每天5小时，具体的时间取决于潮汐的涨落。但其他国家的规定却不尽相同，例如英国和爱尔兰，没有禁捕期，全年都可以捕捞。因此，在法国禁捕期内，市面上出售的扇贝均来自国外。

色彩差异！

为什么千万不要将扇贝和小扇贝混为一谈？

尽管它俩都来自同一个家族——扇贝科，但是两者差异很大。欧洲小扇贝的体型比扇贝小得多，有两片圆顶壳，而扇贝的上面是一片扁平壳，下面是一片圆顶壳。但最重要的是两者的味道有很大的差别：小扇贝的鲜味远不如扇贝，几乎没什么味道。

惊奇！

为什么扇贝黄在扇贝的生长过程中会改变颜色？

扇贝是一种雌雄同体的生物：白色部分是雄性生殖器官，而橙色部分则是雌性生殖器官。该生殖腺在扇贝刚出生时是白色的，因为扇贝刚出生时是雄性，后来变成了橙色，这是因为扇贝的性别发生了改变，慢慢地转变成了雌性。在此期间，扇贝是双性的。从5月到9月，越接近繁殖期，扇贝黄的体积就越大。

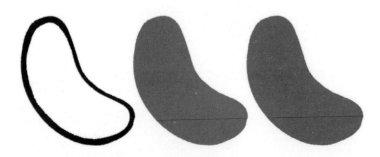

为什么扇贝有时候会有甜味？

在繁殖期即将来临前，扇贝的身体里充满了葡萄糖，以便于为所有未来的小生命提供充足的能量。葡萄糖是甜的，就是它让扇贝产生了甜味。此外，它还使扇贝在烹饪的过程中能够呈现出漂亮的焦糖色。

关于生蚝的四个问题

① **为什么当我们将生蚝打开时要把里面的水倒掉？**

这包水，我们称之为"第一口水"，其实就是海水，如假包换。一旦我们将这包水清空以后，生蚝就会释放出另一种来自其自身组织的"第二口水"，而这种水味道更鲜美、层次更丰富。

② **为什么夏天的生蚝里会有一种乳状物质？**

夏天是生蚝繁殖的季节：从5月到8月是著名的没有字母"r"的月份（译者注：5月到8月这几个月份的单词拼写中都没有字母"r"，法国人有一句话：不带字母r的月份，不吃生蚝）。在此期间，生蚝体内会产生一种乳状物质，为它们的繁殖提供养分，这种淡淡的甜味会掩盖生蚝本身的鲜味。当然，并不是所有人都讨厌这个味道。总之，按照您自己的意愿去品尝美味吧，想吃就吃。

③ **为什么二倍体生蚝和三倍体生蚝之间存在差异？**

生蚝有两组染色体，就像人类和大多数生物一样。为了解决繁殖季节生蚝会产生乳状物质而影响食用的问题，科学家们研制出了有三组染色体（三倍体）的生蚝，这种生蚝无法繁殖，因此也没有产生乳状物质的时期。对消费者而言，一年四季都能吃到美味的生蚝，这是一种极大的快乐。请注意，这些三倍体生蚝并不是转基因生物，因为它们体内并没有植入外源基因！

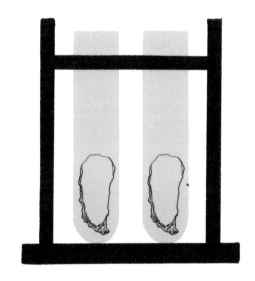

④ **为什么当我们吃活的生蚝时，生蚝不会感到痛苦？**

生蚝没有中枢神经系统，所以没有大脑。即使当我们往生蚝上挤柠檬汁时它会收缩，让人们觉得它们对酸性有了反应，但迄今为止并没有科学研究能够证明生蚝会感到痛苦（或者感到愉悦），这种可能性几乎为零。

龙虾

我是蓝色的，但人们喜爱红色的我，我经常出现在人们年底的节日菜单上，

哦不，我不会在"澡盆"里哭泣。我是谁？

为什么龙虾有大钳子而小龙虾却没有？

龙虾是个贪吃鬼，会把经过它面前的一切都吃了：小鱼、螃蟹、软体动物、贝壳……它需要一对大钳子将猎物夹住并捏碎，然后才能大快朵颐。而小龙虾是以海藻、无脊椎生物和腐烂的动物尸体为主要食物的。它们是清道夫、食尸者，和鬣狗一样。而所有这些食物都是软的，并不需要切割。因此，小龙虾是不需要大钳子的。

那么，为什么龙虾的两只钳子不一样？

龙虾有两只大钳子，它们分工明确，作用各不相同。

一只较细较长，锋利且带有许多小尖齿，人们称之为"咬骨钳"或者"凿子"，主要用于抓住比较柔软的猎物，诸如小鱼之类的，并且将它们切碎。

另一只叫作"粉碎钳"或者"锤子"，更厚、更坚硬，并且带有很多大齿。它可以将猎物的壳压碎，例如，另一只龙虾的壳。因为龙虾是同类相食的动物！

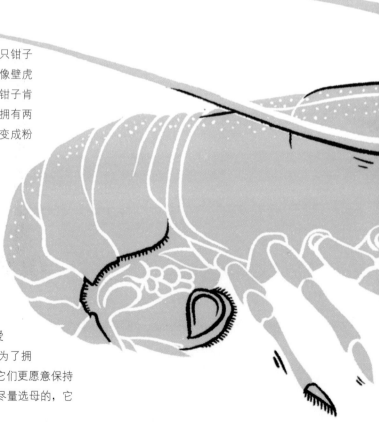

惊奇！

为什么通常我们捕捉到的龙虾只有一只大钳子？

当龙虾被困住时，它会弄断自己的一只钳子逃生。断掉的钳子会慢慢地再长出来，就像壁虎的尾巴一样。但问题在于，重新长出来的钳子肯定会是一只咬骨钳。那么龙虾就可能同时拥有两只咬骨钳，但是，这只咬骨钳会渐渐地转变成粉碎钳。大自然真是神奇的造物主。

为什么母龙虾比公龙虾好吃？

公龙虾的钳子特别大，但母龙虾的虾肉更加丰腴，味道更加鲜美。雄性天生爱炫耀，它们愿意耗费体内所有的能量，只为了拥有一只巨大的钳子；而雌性则比较清醒，它们更愿意保持良好的体型，丰腴而圆润。挑选龙虾时，尽量选母的，它们的品质比公的要好得多！

为什么龙虾会蜕壳？

　　普通生物的骨骼通常会在体内和肌肉同时生长。但是，龙虾和小龙虾、螃蟹、昆虫一样，它们的骨骼被称为"外骨骼"，是长在体外的。由于这种"外骨骼"是无法生长的，因此，这种小动物就必须在它们长大以后将它们原来的骨骼更换掉。在此期间，龙虾会停止进食，并且慢慢变瘦。它们的外骨骼，相对而言会越来越大，最后就会自动裂开，产生一个裂口，龙虾的身体就能从这个裂口中脱离。然后，它们会让自己的身体灌满水，让自己的体型变得更大，并且生成一副新的外骨骼，在它们的成长过程中（大约40年），每蜕变一次，身体就会变得更大。千万不要品尝蜕壳过程中的龙虾：这个时期的虾要么很瘦，要么灌满了水。无论如何，这时候的龙虾一点儿都不好吃！

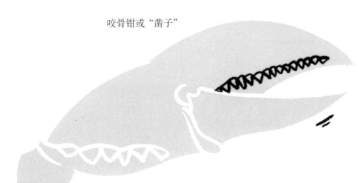

咬骨钳或"凿子"

小常识

为什么在年底的节日里不要选择吃布列塔尼龙虾？

　　布列塔尼龙虾的捕捞期在初秋就结束了。那么，在年底的节日里，我们挑选的会是养在铅丝笼（捕捞甲壳类水生物用的）里几个月的龙虾，它们的肉质比较松散，一点儿也不好吃，并且很可能在同类的打斗中受到了损伤，或者就是没有任何鲜味可言的美洲龙虾。年底，不是吃龙虾的季节，仅此而已！

色彩差异！

为什么布列塔尼蓝虾比加拿大龙虾更鲜美？

　　这两种虾是表兄弟，因为它们都来自大西洋。蓝虾（或布列塔尼龙虾）是在布列塔尼海岸捕捞的，而加拿大龙虾则是在北美的海岸捕获的。但它们的品质完全不在同一个水平上。蓝虾生活在岩石中，在那里它们可以寻觅到高品质的食物，从而使它们的肉质变得细腻、紧实并且带有一些碘化的味道。而它的加拿大表弟，则生活在海底的泥沙上，肉质软烂，口感像棉花一样，索然无味。

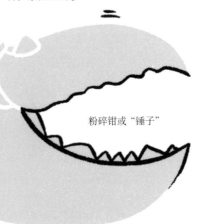

粉碎钳或"锤子"

龙虾的知识

为什么在购买龙虾前一定要好好确认它是不是活的？

龙虾死了以后，龙虾肉会释放出组织里腐烂的酶和细菌。因此，购买龙虾前一定要把龙虾抓起来，看看它是否挣扎，看看它的尾巴是否会卷到胸前，以及它的触须是否会动。

为什么一定要挑选虾壳较硬的龙虾？

蜕壳时期是龙虾品质最差的时候，我们之前已经介绍过了。龙虾的壳越厚越坚硬，说明这种龙虾离它的蜕壳期越远。

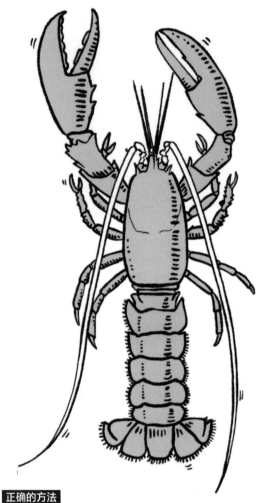

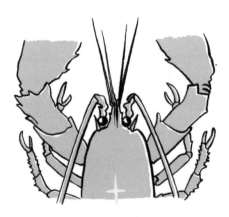

为什么杀龙虾时要在龙虾头上画一个十字，然后将刀一插到底？

龙虾没有中枢神经系统，或者说它的中枢神经已经完全退化了。研究表明，龙虾对外界的刺激会产生反应，但人们并不知道这种反应是否是因为疼痛而引起的。出于这种疑惑，杀死龙虾最好的方式就是用刀尖对龙虾头上画好的十字，一刀毙命，这样龙虾就来不及感受疼痛了。

正确的方法

为什么在烹饪龙虾前要将龙虾对半切开？

在烹饪的过程中，龙虾肉会流出一些肉汁。如果您将龙虾对半切开的话，烹饪过程中，这些肉汁会留在龙虾壳里，并转化成蒸汽，轻柔地烹煮着龙虾。如果将龙虾先煮熟再切开的话，这些肉汁就会溢出来流走了。那就太可惜了……

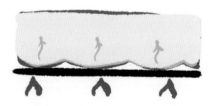

虾肉的烹制在其自身所含水分转化成蒸汽的过程中完成

为什么将龙虾放入沸水中煮前要先将它绑起来？

在沸水中加热的时候，龙虾的尾部会向内卷曲，缩成一团。它的背部拉伸，而腹部收缩，热量无法以同样的速度渗透进龙虾的两侧。因此，这会导致龙虾在烹饪的过程中受热不均，分割起来也会更加困难。

将龙虾捆绑起来可以防止龙虾卷曲，这样在烹饪的过程中龙虾可以受热均匀。

为什么在将整只龙虾放入水中煮前，要先将龙虾的钳子煮熟？

龙虾的大钳子所需要的烹饪时间比身体更久。为了让整只龙虾可以在同一时间煮透，它的大钳子就必须多煮4～5分钟。抓住龙虾的身体，将龙虾的钳子浸入鱼高汤或者葡萄酒奶油汤汁中。为了避免自己被蒸汽烫伤，请将龙虾靠在锅边，身体留在外面。

为什么蓝虾在烹饪过程中会变成红色？

龙虾壳里含有一种红色的色素——虾青素。虾、螃蟹、小龙虾乃至火烈鸟的羽毛里都含有这种著名的红色素。在龙虾的壳里，虾青素分子被一种蛋白质吸收并隐藏了，这种蛋白质就是花青素。在烹饪的过程中，花青素分解使得龙虾呈现出亮丽的红色。

龙虾壳遇热变成红色

为什么要把龙虾放进肉汤或者葡萄酒奶油汤汁中煮，而不能放在清水中煮呢？

我们已经提过好几次了，现在让我们重新回到这个话题。根据渗透作用的原理，味道是从高浓度溶液向低浓度溶液渗透的。如果您将龙虾放在清水里煮的话，它的味道全都煮进水里了。那么，如果您用高汤或者鱼高汤来煮龙虾的话，浓汤里的味道已经饱和了，无法再接受其他味道了。龙虾就能保留更多的风味！

真相

为什么龙虾在烹饪的过程中会哭泣？

别再听信这些骇人听闻的谣言了。当我们将龙虾丢入沸水中时，龙虾不会哭泣。它确实会发出一种微小的尖锐的声音，但这绝不是哭泣声。这是虾壳中包含的气囊受热后膨胀，破裂发出的响声。但绝对不是人们所说的"龙虾正在哭泣"。呃，我只能说你们的想象力实在是太丰富了！

螃蟹和蜘蛛蟹

虽然螃蟹和蜘蛛蟹很容易辨别，但它们还是隐藏了一些不为人知的小秘密，
揭开这些秘密，才能让您更加充分地了解它们。

黄道蟹

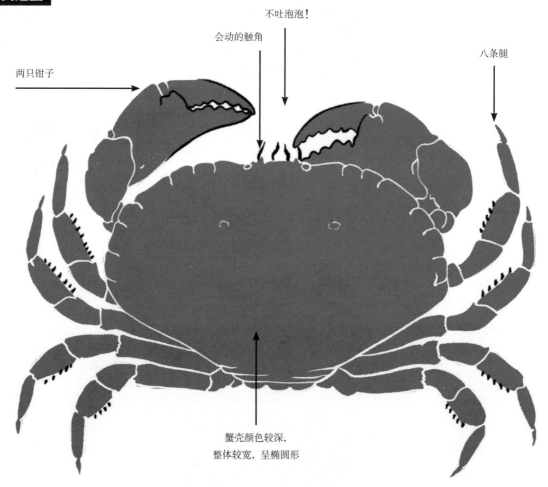

两只钳子

会动的触角

不吐泡泡！

八条腿

蟹壳颜色较深，
整体较宽，呈椭圆形

为什么一定要买活的螃蟹和蜘蛛蟹？

螃蟹和蜘蛛蟹一旦死了，它们的肉就会很快变干，味道也会发生改变。挑选黄道蟹时，一定要确认它的触角是否会动。尽量不要选择吐泡泡的螃蟹。这是它们保持某些重要器官湿润的方式。毫无疑问这样的螃蟹正处于脱水状态并且已经濒临死亡。另外，请确认您购买的螃蟹是否有两只大钳子和八条腿。建议您挑选公的黄道蟹和母的蜘蛛蟹。如何鉴别母蜘蛛蟹呢？请查看它的泄殖腔，泄殖腔又圆又宽且可以容纳蟹卵的是母蟹，而公蟹的泄殖腔则是比较细长，呈三角形。无论如何请挑选分量重的蟹，这样的蟹肉质饱满。

蜘蛛蟹

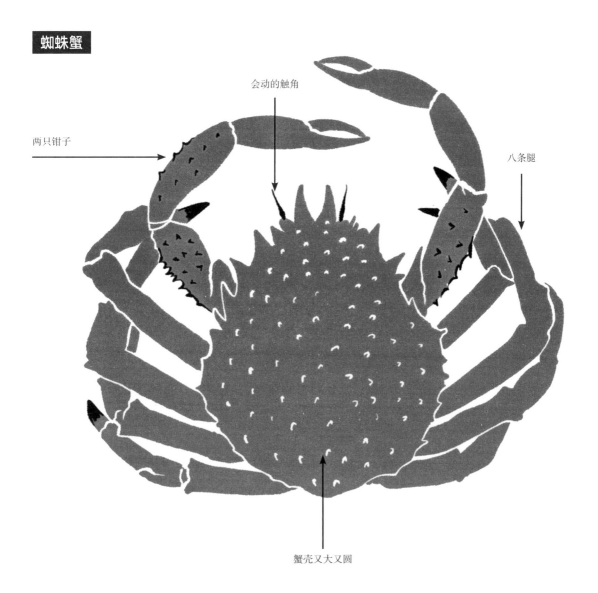

会动的触角

两只钳子

八条腿

蟹壳又大又圆

螃蟹和蜘蛛蟹的知识

为什么说用铅丝笼诱捕的黄道蟹品质更佳？

用渔网捕捞的螃蟹，在被捕获的过程中和渔网被拖拽到船上的过程中，会产生压力。这样会导致螃蟹的肉质变干，呈颗粒状，一点儿都不鲜美。而用铅丝笼诱捕的螃蟹，会在笼子里生活好几个小时甚至好几天，在被打捞上来之前，它们已经适应了新环境，并且它们也不会被拖拽上千米的距离。

惊奇！

为什么冬天看不到蜘蛛蟹？

春季和夏季，蜘蛛蟹会留在海岸边产卵。但在一年中最寒冷的那几个月，它们则会在大海最深处（最深可达70米）交配。蜘蛛蟹擅长长途跋涉。您见过它的长腿没？看看它的腿和身体的比例！在冬季，它们会来一次真正的迁徙，可以走完500千米！一旦到达交配地点，它们就会处处留情，并且从不"吃醋"。一只母蜘蛛蟹体内可以贮存十几只公蟹的精液，并且这些精液在几个月后依然有用。

为什么蟹壳的颜色是挑选高品质黄道蟹的重要指标？

在蜕壳期，为了能够让自己瘦下来并且从自己的壳里脱离出来，黄道蟹就不再吃东西了。此时的蟹肉平淡无味。蜕壳完成后，黄道蟹的新壳是浅棕色的，随着时间的推移，蟹壳的颜色会越来越深，最终变成褐色。因此，尽量不要选择蟹壳颜色浅的螃蟹，这意味着它们刚刚蜕壳不久，蟹肉的味道很寡淡。

小常识

为什么公黄道蟹比母的好？

公黄道蟹和母黄道蟹生活的区域不同。公蟹喜欢生活在坚硬的海底，而母蟹则喜欢生活在海底的泥沙中。公蟹的生活环境决定了它们能够吃到高品质的食物，那里有更多的贝壳类生物、软体动物和甲壳类动物。而且它们的钳子比母蟹更大，分量也比母蟹要重。

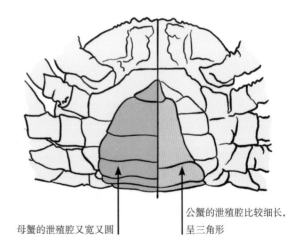

母蟹的泄殖腔又宽又圆

公蟹的泄殖腔比较细长，呈三角形

为什么母蜘蛛蟹比公的好？

母蜘蛛蟹的肉质更加细腻多汁，而公蜘蛛蟹的肉质则比较硬。为什么会这样呢？没人知道。终于遇到我们无法解释的问题了。嗯！它们的食物和居住环境都是完全相同的。

❶

为什么黄道蟹和蜘蛛蟹最好蒸着吃?

如果用水煮的话,哪怕是很咸的盐水,蟹的一部分味道也是会流进水里,而如果用蒸的方式烹饪的话,螃蟹能够很好地保留所有的味道。如果您一定要用水煮的话,请记住,把蟹放入冷水中开始煮,这样可以让温度慢慢渗透进螃蟹里,从而防止蟹肉过干。

❷

为什么要将公蟹和母蟹分锅煮?

我们之前已经说过,母蜘蛛蟹比公蟹的肉质更细腻味道更鲜美。那么,您应该明白将公蟹和母蟹分锅煮,是为了避免它们的味道混在一起。

❸

为什么刚开始煮螃蟹时要将螃蟹按在水底?

因为螃蟹壳下面有空气,这样做是为了防止螃蟹漂浮在水面而导致受热不均。因此,刚开始煮的时候必须把螃蟹按住,让它们在水底停留2~3分钟。然后,您就可以放手了,它们不会再漂上来了。

❹

为什么螃蟹最好提前一晚煮好?

放置一夜以后,由于螃蟹的少量水分蒸发掉了,因此煮熟蟹肉会稍稍有些变硬。但蟹肉的味道却会变得更好、更加鲜美,余味更加绵长,这就有点儿像肉冻一样,我们一般会在食用前将它放进冰箱2~3天,味道更佳。

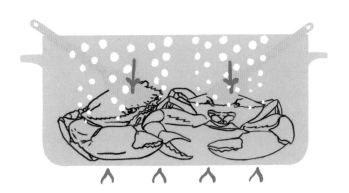

章鱼、鱿鱼和墨鱼

不要被这些头足纲生物的多触手、多心脏、凸起的大眼睛、喷嘴和墨囊所迷惑，

请记住一点，它们终究会出现在您的盘子里。

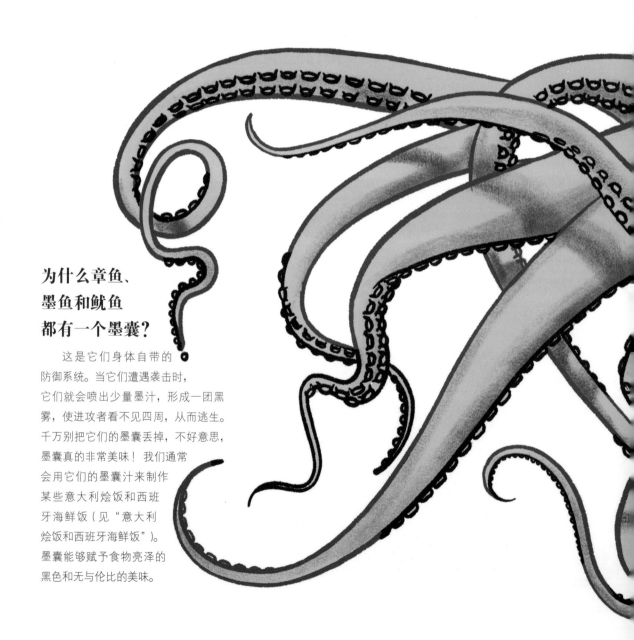

为什么章鱼、墨鱼和鱿鱼都有一个墨囊？

这是它们身体自带的防御系统。当它们遭遇袭击时，它们就会喷出少量墨汁，形成一团黑雾，使进攻者看不见四周，从而逃生。千万别把它们的墨囊丢掉，不好意思，墨囊真的非常美味！我们通常会用它们的墨囊汁来制作某些意大利烩饭和西班牙海鲜饭（见"意大利烩饭和西班牙海鲜饭"）。墨囊能够赋予食物亮泽的黑色和无与伦比的美味。

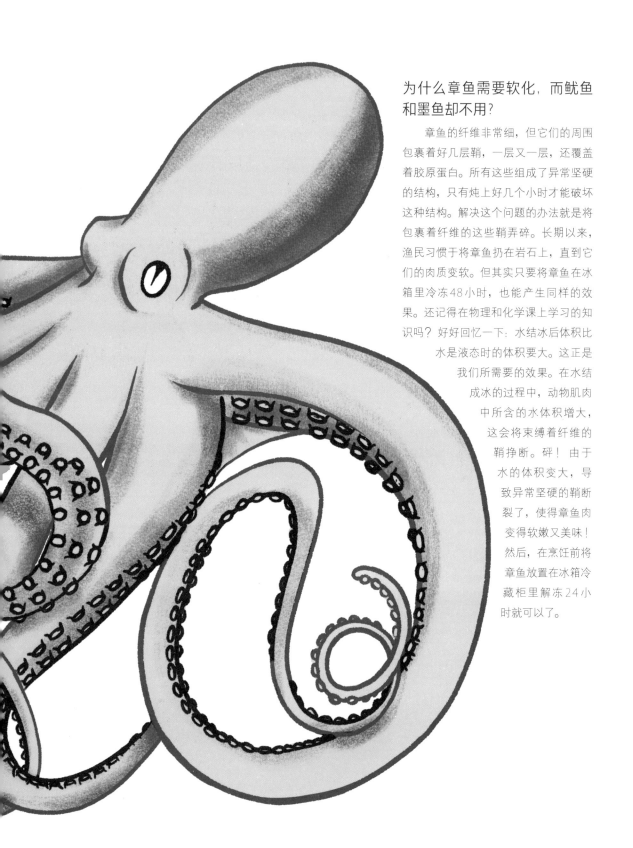

为什么章鱼需要软化，而鱿鱼和墨鱼却不用？

　　章鱼的纤维非常细，但它们的周围包裹着好几层鞘，一层又一层，还覆盖着胶原蛋白。所有这些组成了异常坚硬的结构，只有炖上好几个小时才能破坏这种结构。解决这个问题的办法就是将包裹着纤维的这些鞘弄碎。长期以来，渔民习惯于将章鱼扔在岩石上，直到它们的肉质变软。但其实只要将章鱼在冰箱里冷冻48小时，也能产生同样的效果。还记得在物理和化学课上学习的知识吗？好好回忆一下：水结冰后体积比水是液态时的体积要大。这正是我们所需要的效果。在水结成冰的过程中，动物肌肉中所含的水体积增大，这会将束缚着纤维的鞘挣断。砰！由于水的体积变大，导致异常坚硬的鞘断裂了，使得章鱼肉变得软嫩又美味！然后，在烹饪前将章鱼放置在冰箱冷藏柜里解冻24小时就可以了。

关于章鱼、鱿鱼和墨鱼

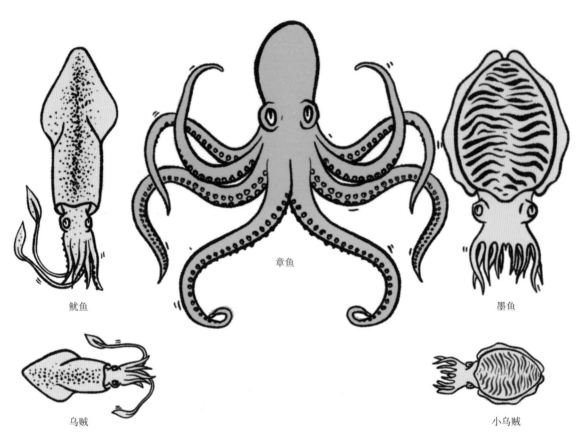

鱿鱼

章鱼

墨鱼

乌贼

小乌贼

色彩差异！

为什么千万不要把乌贼和小乌贼弄混？

乌贼其实是一种小鱿鱼。而小乌贼却和乌贼毫无关联，因为小乌贼其实是一种小墨鱼。它的名字来源于奥克语"supi"，就是"墨鱼"的意思。

为什么白鱿鱼和红鱿鱼存在差异？

生活在海岸边的鱿鱼是白色的，而从海洋深处捕获的鱿鱼则是石榴红色的。红鱿鱼比白鱿鱼要大得多，甚至可能重达好几千克。两者的味道差别也很大。白鱿鱼的肉质更加紧实，更加美味。

为什么烹饪前要在墨鱼和大鱿鱼身上划十字刀？

这两种海鲜都不能久煮，否则就会变得像橡胶一样嚼不动。如果烹饪前在它们身上划上规则的刀口，就能让热量迅速地渗透进去，避免外面已经焦了，而里面还没熟。

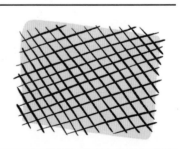

为什么说用开水煮章鱼简直就是胡说八道？

我的天呐！开水对这些头足纲小动物而言实在是太烫了！拜托了，请您对它稍微温柔点，尊重一下您手中的食材！一定要用温度稍低点的水来煮，微微滚动的水就可以了，这样才能防止章鱼煮得太老，肉质太硬，没有味道。章鱼是一只脆弱的小动物，请温柔地对待它。

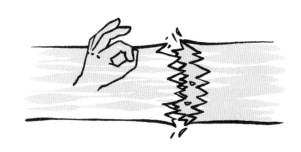

为什么冷冻章鱼并不是品质没有保证的象征？

我们之前已经说过章鱼必须经过冷冻才能将其纤维弄断。购买已经冷冻的章鱼，回家后就无须对其进行冷冻处理啦。不要怀疑，冷冻章鱼是可以放心购买的，这不是什么黑暗料理。

正确的方法

为什么章鱼一定要汆烫？

这种操作是为了让温度能够慢慢地渗透进章鱼里，使章鱼肉可以均匀地收缩。因此，只需要将章鱼的触手浸入高汤中煮10秒钟左右，然后取出放置1分钟，使热量能够慢慢地渗透进去，并且让章鱼触手的表面冷却。重复这个操作3～4次。然后，再将整只章鱼放入高汤中煮熟。

真相

为什么人们说往高汤里放一个葡萄酒软木塞可以令章鱼变软？

严格说来，这种传统做法对软化章鱼而言毫无帮助。过去，人们会在港口支一口大锅来煮章鱼。为了验证章鱼的煮熟程度，并且让它们能够轻易地漂上来，人们往往会在章鱼身上挂一些软木塞，这些软木塞可以帮助章鱼漂浮在水面。随着时间的推移，人们将这种做法诠释成软木塞能够帮助章鱼软化，这真是彻头彻尾的蠢话。因为，实际上，软木塞中所含的丹宁成分能够稳定胶原蛋白，并且保持章鱼中纤维的硬度。因此，请别再往煮章鱼的高汤里放软木塞了！

蔬菜的品质

哦，蔬菜！我知道有些人对于给豌豆去壳的建议视而不见，有些人建议可以提前一周把蔬菜切好，还有些人信誓旦旦地对孩子说土豆皮富含大量的维生素！这个世界太疯狂了，还是让我们脚踏实地学习一些关于蔬菜的知识吧！

小常识

为什么有的蔬菜需要放进冰箱保存而有的却不用？

采摘或收割好的蔬菜已经进入了"残存模式"，它们开始利用自己贮存的能量令自己尽可能活得更久一些。从这一刻起，它们的味道和口感都会变得越来越差。将蔬菜放进冰箱里保存，可以减少细菌的降解和微生物的侵袭带来的损伤。这种储存方法对于耕种于温带地区、习惯了凉爽的气候的蔬菜而言是再好不过的了，但是对于生长在热带地区的蔬菜而言，效果则是相反的。冰箱里的温度会加速它们细胞壁的分解，令它们味道流失得更快。这类蔬菜更适合放在阴凉处或是室温下贮存，例如番茄、茄子、黄瓜、西葫芦、四季豆、南瓜、倭瓜、萝卜、土豆、蒜头、洋葱以及小洋葱头。

相反，芦笋、胡萝卜、西兰花、生菜或者蘑菇，则最好放进冰箱贮存，但记得用厨用吸水纸包起来再放进冰箱，这样可以防止蔬菜表面残留过多的水分。

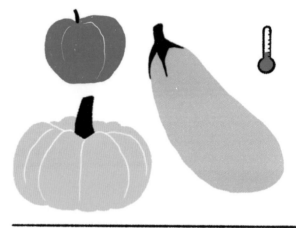

为什么太老的蔬菜会变软？

蔬菜主要由水分组成，蔬菜中的水分挤压着细胞壁，使其保持坚硬。蔬菜本身可以从土壤中汲取水分，并且通过蒸发将水分排出，但是，一旦蔬菜被采摘或收割后，它们将无法进行水分的补充，但它们体内所含的水分却会继续蒸发，从而导致细胞逐渐干瘪。随后，蔬菜就变软了。这就是为什么我们通常会将蔬菜存放在阴凉潮湿的地方，目的就是为了减少蔬菜中水分的蒸发。

为什么用塑料袋扎着的生菜比市场上的新鲜生菜保存的时间更久？

扎着的塑料袋里面有一种气体，可以减缓生菜中水分的蒸发，让切过的生菜叶能够保存更长时间。我们说塑料袋里的生菜是保存在"改良的空气"中的。

这个保存原理就和用塑料托盘来保存切片火腿是一样的。

关于蔬菜的品质

`惊奇！`

为什么说要在吃完主菜后吃蔬菜沙拉，而不是将蔬菜沙拉作为头盘？

当然，略带酸味的油醋汁拌沙拉能够帮助并促进消化，但蔬菜沙拉还有一个鲜为人知的特点：它们可以清新口气。很不可思议，不是吗？显然，这是有原因的。蔬菜沙拉就和蘑菇以及罗勒一样，含有芳香族化合物（多酚），其会和含硫的有机化合物（如大蒜和洋葱中所含的硫化物）产生反应，生成无味的分子。简而言之，就是将蔬菜沙拉和有异味食物一起吃，气味就消失了。很神奇吧！

为什么四季豆会失去它美丽的绿色？

关于这点，问题就出在烹饪的温度和水质上。烹饪的水温较低，四季豆就会变黄；水的酸性较强，四季豆就会变成棕色。所幸，我们有两个解决办法：

1. 用大量沸水煮四季豆。

2. 如果必要的话，可以往水中添加一小撮小苏打，以消除水的酸性（请参见"蔬菜的烹饪"）。

为什么蘑菇在烹饪的过程中会缩水？

首先，我必须澄清一点，蘑菇不是蔬菜，但是它们是蘑菇。它们自成体系，是一个独立的王国，和蔬菜、肉类等一样。但是，当它们被煮熟后，就被当成蔬菜来处理了。让我们言归正传。与大部分蔬菜的细胞不同，蘑菇的细胞很细很脆弱。在烹饪过程中，蘑菇的细胞膜会迅速地破裂，并且排出所含的水分。而我们的蘑菇是由90%的水分构成，因此在煮熟后，蘑菇的体积会缩小很多。

为什么说草莓和苹果都是蔬菜？

是的，没错，草莓和苹果都是蔬菜！我知道，这听起来有点儿难以置信，但它们确实是蔬菜。听我来解释。对厨师而言，水果和蔬菜的区别很简单：水果是甜的，是用来做甜品的；而蔬菜不甜，或者只有一点儿甜味。这只是厨师们约定俗成的定义，那么我们来看看字典里给出的定义吧！"蔬菜：蔬菜是一种可以做菜吃的草本植物，这种植物身上至少有一部分是可食用的（根、鳞茎、茎、花、种子、果实）。""水果：水果是植物的器官，是植物开花后，由受精的子房演变而成，其中含有繁殖所必需的种子。"您看懂了吗？也就是说水果其实也是蔬菜，因为它也是可以食用的植物的某一部分（在某种情况下它是水果）。展开来说，黄瓜、番茄、四季豆都是水果（也是蔬菜）。但也有例外，如大黄（rhubarbe），它只是一种蔬菜，而不是水果。另外，对植物学家而言，还有许多"假果"或者"复果"，这些植物的子房不是由"唯一的组织"构成的，如草莓、覆盆子、无花果、菠萝、苹果、梨……简单地说，所有的水果都是蔬菜，但并非所有的蔬菜都是水果！

① 为什么有些晒干的豆子吃多了会导致胃肠胀气？

晒干的豆类比其他蔬菜更难消化。食物主要是通过胃和小肠来消化的，但晒干的豆类却不是。晒干的豆类需要大肠中的细菌群来分解，并且在经过发酵后才能被我们的身体器官所吸收。问题是，在这个发酵的过程会产生气体，而这些气体必须要释放出来。但是，不用担心，要知道身体每天都会排出0.5～1升的气体。

② 为什么烹饪前必须将晒干的豆子放入水中浸泡？

晒干的豆子是干的。它们不含水分，里面也没有水，它们是硬的，无法烹饪。解决这个问题有两种方法：

方法1：烹饪前，先将这些干豆子放入水中浸泡，令其吸收水分，然后就可以随意烹饪了。

方法2：将这些干豆子放入水中煮，但要将豆子里外都煮透，烹饪的时间要长得多。您可以选择任意一种方法。

③ 为什么要在泡豆子的水里加盐？

晒干的豆类淀粉含量很高，淀粉会吸收渗入豆子里的水分而膨胀。如果吸收了过多的水分的话，淀粉就会极度膨胀并且将豆子的表皮撑破。在泡豆子的水中放些盐，可以将豆子吸收的水分减少三分之一，也就是说可以减少淀粉对水分的吸收，从而防止豆子过度膨胀而将豆子的表皮撑破。这样我们泡好的豆子就会圆润饱满，易于烹煮。

在浸泡的过程中，干豆子吸收了水分，
所以烹饪的时间要比没有浸泡过的干豆子短得多

④ 为什么要在煮豆子的水中放入一小撮小苏打？

煮豆子的水的水质偏硬（硬水的主要成分是由钙和镁合成的碳酸钙），其中含有大量的钙。钙可以增强豆类细胞之间的黏合力，因此，即便煮上几个小时，它们也不会变软。我们会发现豆子就和没煮过一样。但是，如果我们加一小撮小苏打的话，我们就可以让水中钙质沉淀，使煮熟的豆子软硬适中，相当完美。

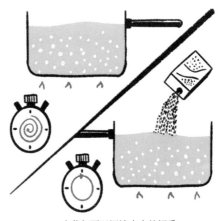

小苏打可以沉淀水中的钙质，
这是煮干豆子的正确方式

蔬菜的料理

我们用心挑选的、漂亮的蔬菜，一旦到了我们的盘子里，通常会令人毫无食欲了。

您可能会反问自己："那么，蔬菜在烹饪的过程中到底经历了什么，才让它们发生了那么大的变化呢？"

来听我给您解密吧！

关于冷冻蔬菜的两个问题

❶ 为什么家里的冷冻蔬菜在烹饪过程中会流出很多水？

家里的冷冻蔬菜和冷冻的香料植物在烹饪过程中出水的现象一样（见"香料植物"）。细胞里所含水分体积增大，破坏了它们原有的结构。在烹饪蔬菜的过程中，细胞结构遭到破坏，因此无法继续锁住水分，这些水分都从蔬菜里流了出来，使煮熟的蔬菜变得质地软烂，毫无口感可言。

❷ 那我们从超市购买的速冻蔬菜呢？

产业化生产的速冻蔬菜所使用的速冻柜的功率比家用冷冻柜的功率大得多，它们的温度可以低至-50℃，并且配有冷风扇可以加速冷冻的过程。这是制作速冻蔬菜的重要工具。冷冻蔬菜需要经过一段时间才能令一整颗菜都达到速冻的温度，即-18℃。如果这个时间非常短的话，蔬菜中所含水分的体积还来不及增大，这样它们的细胞就不会被撑破了。

美味！

为什么冰糖蔬菜如此美味？

啊，冰糖胡萝卜和冰糖红萝卜！如果您没有吃过，那么我来告诉您，冰糖蔬菜的"冰糖"是用黄油、白糖和少量的水制作而成的。之所以称之为"冰糖蔬菜"，是因为这道菜做好后，黄油与白糖的混合物会在蔬菜表面形成一层发亮的外壳，就像冰一样。那层冰糖脆脆的，和我们吃的圆筒冰激凌的蛋筒一样！

冰糖蔬菜如此美味主要是因为以下三个原因：

1. 在烹饪的过程中，蔬菜里所含的糖分焦化了。

2. 蔬菜中所含的水分大量流失，因此蔬菜的味道高度浓缩，变得异常鲜美。

3. 此外，烹饪过程中使用的黄油的脂肪在口中形成了悠长的余味，令冰糖蔬菜的味道在口中停留的时间变得更长。

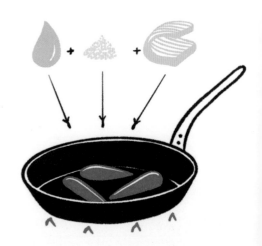

将蔬菜放在水、白糖和黄油的混合物中
蔬菜会被裹上一层"冰糖"

为什么蔬菜必须现做现切或者现吃现切呢?

蔬菜的细胞就像气球一样，它的中心位置有一种名为"液泡"的液体，在它周围分布着各种酶、酸和糖等物质，这些成分交错分布，但却没有混合在一起。当您在切蔬菜时，您会切开很多细胞以及细胞中所含的一切物质。在细胞里没有混合在一起的所有物质，在被您切开的那一刹那间统统混在了一起，并且产生了酶促反应，就像我们切洋葱时，洋葱会让我们流泪一样。为了避免这些反应让蔬菜的味道和口感变差，因此，我们应该在做蔬菜前或者生吃蔬菜前的最后一刻才把蔬菜切开。

为什么在番茄上划一道切口再将番茄放入沸水中氽烫就能轻松去皮?

沸水会让番茄皮变软。这个小得甚至看不见的切口能够让沸水将番茄皮完全剥离，这样您就可以轻松地剥开并撕掉所有的番茄皮了。如果没有这个切口的话，番茄皮只会变软，但您却无法剥开它。好吧，如果您买到的番茄有些硬的话，您也可以使用刨皮刀来去皮，效果同样非常好。

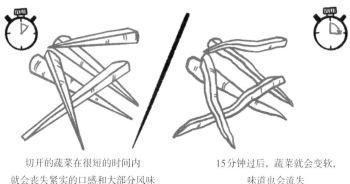

切开的蔬菜在很短的时间内就会丧失紧实的口感和大部分风味

15分钟过后，蔬菜就会变软，味道也会流失

为什么油炸蔬菜前要先将蔬菜里的水分排出?

这是一个非常重要的小窍门，可以令蔬菜的表面保持酥脆，并且在炸好后没有那么油。到底要怎么做呢? 将蔬菜切开(切成片或者切成块)，然后我们将切好的蔬菜放在漏勺里，与盐混合，然后静置1小时。在这1小时里，盐会吸收蔬菜表面的水分，令蔬菜经过油炸后可以产生一层酥脆的外壳。这个小窍门对于制作油炸茄子或油炸西葫芦而言格外重要，因为这两种蔬菜特别吸油。

水分排出的蔬菜
在烹饪过程中吸入的油比较少

为什么蔬菜在烹饪的过程中会变软?

蔬菜的细胞就像一块很硬的布。在烹饪的过程中，这块布上的大部分纤维都会分解，变脆，然后这块布的硬度就会降低。用更加科学的语言来解释就是：细胞是通过由果胶、纤维素和半纤维素构成的一种很硬的黏合剂连接在一起的。在烹饪的过程中，由于大部分果胶的流失，致使这种黏合剂变脆、变软了。

就是这样，下次您的岳母再端上煮过头的四季豆时，您就可以给她解释为什么四季豆会看起来软趴趴的了。

土豆和胡萝卜

最基本的蔬菜！用胡萝卜和土豆，您可以做一天的菜，都不带重样的。
了解它们的构造，可以让您用它们做出最棒的味道。

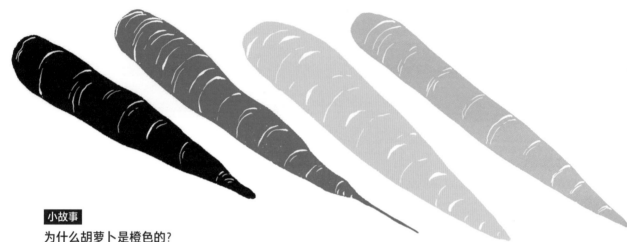

小故事

为什么胡萝卜是橙色的？

　　胡萝卜有着悠久的历史，早已广为人知，但是以前的胡萝卜吃起来会有一股刺激性的味道，因此人们一般用它来入药。从19世纪开始，荷兰人开始种植可食用的胡萝卜，并且统一了胡萝卜的颜色。橙色曾经是（现在依然是）代表荷兰这个国家的颜色。您明白了吗？今天，出于对古老蔬菜探索的渴望，人们正在重新探索胡萝卜的原始品种，例如白胡萝卜、黄胡萝卜、红胡萝卜以及紫胡萝卜。

为什么保存胡萝卜时要将它的叶子去掉？

　　是的，我知道，菜农那里的顶着叶子的胡萝卜看起来很美。但问题是，如果不把叶子切掉的话，胡萝卜就会将自己体内的养分提供给叶子，以防止它的叶子干枯。而胡萝卜提供的养分越多，自己就变得越贫瘠，味道流失得也就越多。来吧，给它一刀，将叶子砍掉！

已证明！

为什么胡萝卜可以生吃而土豆却不能？

　　这只是因为土豆含有大量的淀粉，而胡萝卜的淀粉含量则很低。淀粉？嗯，是的，就是面粉和生粉中所含的能让调味酱汁变得浓稠的淀粉！简而言之，生淀粉是很难消化的，但煮熟后，淀粉吸收了蔬菜细胞中所含的一部分水分，会变软。胡萝卜所含的淀粉很少，所以可以生吃，而土豆却不能。

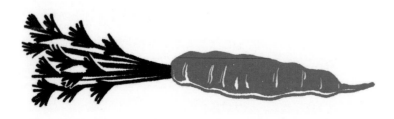

关于土豆皮的三个问题

1 为什么土豆有时候会变绿？

当土豆没有避光贮存的时候，会发生光合作用，从而产生叶绿素，并且会增加土豆中不宜食用的有毒物质——茄碱的浓度。因此，一定要将土豆上绿色的部位去除，这部分土豆不仅味道发苦，如果过量食用的话，还会导致恶心、头晕，并产生幻觉。

在烹饪过程中，
土豆皮可以保留
维生素和矿物质

2 为什么在煮土豆的时候最好不要去皮？

土豆皮能保护土豆不受外界侵袭。它能够保留蔬菜中易溶于水的维生素和矿物质，也就是说一旦把皮去掉，这些维生素和矿物质就会在水中溶解。在烹饪的过程中，带皮的土豆保留的维生素和矿物质是去皮土豆的四倍。但是，在土豆煮熟后一定要尽快将土豆皮撕掉，以避免土豆皮带来的泥土味。

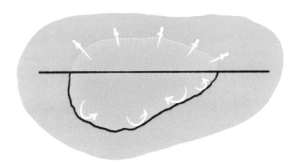

3 千万不要吃带皮的土豆，无论是水煮还是油炸？

是这样的，问题还是出在茄碱上。茄碱是土豆皮里用于抵御害虫侵袭的一种物质，而对于人类而言却是一种毒药。如果过量摄入茄碱的话，甚至会导致死亡！因此，在任何汉堡餐厅里一定不要吃带皮的炸薯条。

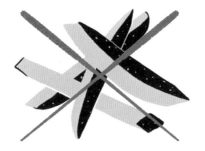

为什么在春末夏初我们能买到所谓的"新土豆"？

提到这个话题，我们就顺便探讨一下什么样的土豆是最好的吧。这种被人们定义为"新土豆"或是"新鲜土豆"的土豆，其实都是些被提前收割却尚未成熟的土豆。这种土豆的淀粉含量较少，但含水量较大，且可以在黄油里融化。由于它们尚未成熟，因此它们所含的茄碱较少，所以它们的皮是可以食用的。

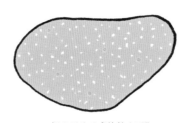

新土豆比"成熟的土豆"
所含的水分要多，但淀粉和茄碱的含量较少

那么为什么我们不用所谓的新土豆来制作土豆泥？

是的，其实您也可以用这些新土豆来制作土豆泥的！它们同样可以做出非常美味的土豆泥。但是和那些"老土豆"相比，新土豆做出来的土豆泥流动性更大一些，因为它们的淀粉含量较低，口感没有老土豆那么绵密。

土豆和胡萝卜的知识

注意啦！技术问题！

为什么又生又硬的土豆在煮熟后会变得软糯可口？

这是个有点儿技术含量的问题，但既然您有时间了解，那么就让我来给您解释一下吧！一颗生土豆里的淀粉颗粒是坚硬的，并且挤压着细胞的边缘。经过加热后，土豆的细胞膜变软，然后破裂，同时淀粉开始膨胀，并且在吸收了土豆块中的部分水分后变成凝胶状。而最终，我们得到的是一颗融化了的土豆。但是请注意，土豆越新，煮熟后土豆的口感就越细嫩、顺滑；而土豆越老，煮熟后土豆的口感就越粉糯、黏稠。

为什么有时候土豆会裂开？

天呐，那是因为煮过头了！这就是该死的淀粉最大的缺点。在烹饪的过程中，淀粉颗粒膨胀，体积增大到原先的50倍左右。由于内部的体积变大而导致土豆裂开了。这真是场灾难！

为什么制作土豆沙拉时只能用温度低于60℃的水煮土豆？

压碎的土豆就像土豆泥一样，这样的土豆沙拉真的太糟糕了！但其实，这个问题是有办法解决的。如果您用低于60℃的水煮土豆的话，土豆块可以煮更长，并且可以保持绵密的口感。您做出来的沙拉会更有卖相，也会更加美味。

为什么用平底锅烹饪土豆比用水煮土豆耗时更长？

用平底锅烹饪土豆时，人们通常会把土豆切成块状，而这样做反而比将整个土豆放进水里煮所需的时间更久。这很正常。我们知道，将土豆切成块状以后，每块土豆会有六个面，而六个面中只有一个面可以直接接触平底锅，直接被加热、煎煮。在介绍平底锅时我们说过，只有直接接触平底锅的表面才能被热源所加热和烹煮。而土豆块如果放入水里煮的话，土豆块的六个面可以同时接触到热水，得到烹煮，因此花费的烹饪时间就要短得多。哦，我仿佛听见您在问："那么，将土豆切成薄片的话，它不是只有两个接触面了吗！"是的，的确如此。但您无法将所有土豆片都平铺在平底锅的底部啊。有些土豆片重叠在一起，也是无法被加热的。这种方式同样比水煮所需的时间要长，但如果您往锅里添加一些鸭油的话，效果会好得多。

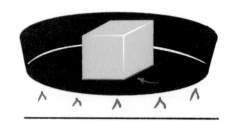

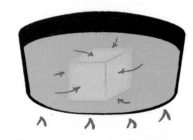

在平底锅中，土豆块只有一个面可以和锅底直接接触，但是在水中，土豆的所有表面都能同时受热

为什么要用冷水煮土豆而不是沸水？

是的，的确如此！人们很少提起这个问题，但确实一定要用冷水煮土豆，千万别用热水。此外，一定要用小火，让水温慢慢地升高。坦白说，这很累，不是吗？是的，但存在即合理，这样做的原因很简单。土豆导热非常慢，以至于炸薯条的时候，您可以用手拿着薯条的一端，而将薯条的另一端放进180℃的热油里炸，手也不会被烫伤。当您直接将土豆扔进沸水中煮的时候，可能土豆的表面已经熟透了而热量还没有渗透到土豆里面。而当土豆的中心被煮熟的时候，表面已经煮过头了。这时土豆就会裂开。因此，我们要让水温慢慢地升高，这样才能让热量逐渐从土豆的表面渗透到中间，您烹制的土豆就能受热均匀了。

为什么煮胡萝卜要用沸水而不能用冷水？

胡萝卜与土豆完全不同。胡萝卜中所含的蛋白质在被慢慢地加热到70℃时，会产生更多的黏合剂并且会让细胞壁变硬。这些细胞壁一旦变硬了，就不再可能软下来，那么您的胡萝卜一直都会硬邦邦的。为了避免这个问题，就必须将胡萝卜放到沸水中开始煮，让水温直接超过70℃。

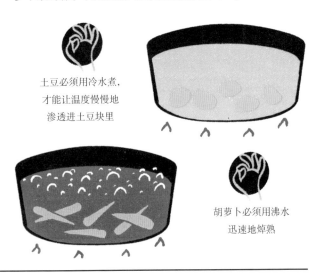

土豆必须用冷水煮，
才能让温度慢慢地
渗透进土豆块里

胡萝卜必须用沸水
迅速地焯熟

为什么乔尔·卢布松（JOËL ROBUCHON）的土豆泥是全世界最好吃的土豆泥？

他的食谱遍布全球。坦白说，这是我吃过最好吃的土豆泥！真的，浓郁的黄油味，每1千克去皮的土豆里就要加入250克的黄油。是的，在众多土豆品种里，他选择了小土豆。是的，他在土豆泥里加入了冷黄油和热牛奶。但这些并不是令他的土豆泥成为全世界最好吃的土豆泥的全部原因。真正的原因，也是那些大厨绝不会告诉您的原因，是他们会将土豆泥用非常细的双层筛子过筛，使土豆泥的口感变得非常细腻，然后他们会用手动打蛋器搅打半小时以上，让空气充分混合进土豆泥里。结果就是打出来的土豆泥口感像空气一样轻盈并且绝对细腻。

为什么炸薯片会膨胀？

当您将土豆片浸入温度为140℃的第一锅油里时，在高温的作用下土豆片的表面会迅速变干，并形成了一层不会渗水的硬壳。第二锅油的油温是180℃，土豆片里残存的水分会转化成蒸汽，将这层硬壳顶起来，土豆片就膨胀。在这里我要提醒那些对此感兴趣的人，蒸汽所占的体积是原来那些水分的1700多倍。

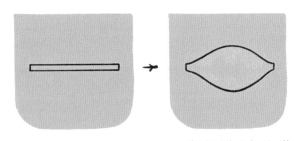

用第一锅油炸完后，土豆片的
表面形成了一层脆脆的外壳

用第二锅油炸过后，里面的
蒸汽将外面的硬壳顶了起来

熟成

您肯定听说过肉的熟成吧。

人们在谈论这个问题时总是分不清不太新鲜的肉和精心熟成的肉的区别。

而且您知道有些鱼也是可以熟成的吗？

注意啦，技术问题！

为什么说熟成可以提升肉的品质？

牲口被宰杀后，身体逐渐变得僵硬，细胞会产生乳酸，随后各种酶会破坏肌肉的僵硬，动物的身体又开始变软。在第二个阶段，断裂的蛋白质会产生一种美味的氨基酸，一部分碳水化合物会转化成糖，为肉类增添了浓烈的风味。还不止这些哦！肉在这个过程中还会变得很嫩。最硬的胶原蛋白转化成了结缔组织，在烹饪的过程中，这些结缔组织又会转化成胶质。这样就能防止肉在烹饪的过程中因收缩而导致肉汁的流失。

为什么人们通常会制作熟成牛肉？

牛肉熟成的效果确实很好，但并不是所有肉的熟成效果都那么好。鸡肉、羊肉和猪肉可以熟成1周，但是，1周后，这些肉都会出现哈喇味。而牛肉则不同。牛身上的某些部位，如牛肋排、牛里脊和牛腿排等，可以轻松地熟成8周以上.牛肉80%的嫩度在牛被宰杀后2周内已经产生了。但是，后面大约50天的熟成时间里，牛肉会产生更多的味道。某些肉店甚至会将牛肉熟成200天乃至300天，但其实在8周～300天之间，牛肉的味道和嫩度的变化已经微乎其微了。

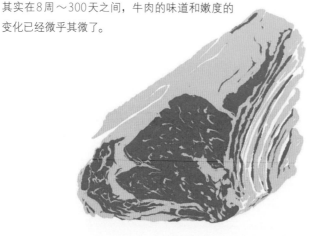

为什么熟成的肉那么好吃？

正如专家们所说，熟成，又称"熟化"，是指利用熟成窖中的温度、湿度以及空气的流通来激发肉类固有的味道和口感。熟成窖的温度通常保持在1℃～3℃，湿度在70%～80%。但是根据动物的种类和年龄、脂肪的数量和质量、肌肉的品质与纹理的不同，某些参数是可以改变的。这就是一名合格的熟成工人全部的工作。在熟化的过程中，肉里所含的一部分水分会蒸发掉（最高可达初始重量的40%），糖分开始积聚，脂肪开始氧化，某些味道逐渐浓缩，同时也会产生一些其他的风味。在优质的熟成肉中，我们可以感受到各种各样的味道，这些味道是普通的肉里没有的，包括奶酪的味道、焦糖的味道、黄油的味道、干果的味道及红色水果的味道等。

色彩差异！

为什么熟成肉和不新鲜的肉不一样？

很多所谓的"熟成"肉其实就是在阴凉的房间里放置了4～6周的不新鲜的肉。当然，这样的肉也能产生一些特殊的风味和嫩度，但这和熟成肉完全是两码事。

为什么说鱼肉的"熟成"很特别?

在对鱼肉进行"熟成"前,鱼的宰杀必须在特殊的条件下进行,以防止鱼的身体僵化得过快过猛。鱼一旦被捕捞上来后,就会被装进很大的水族箱里再拖到陆地上。在返回陆地的过程中,鱼的身体会开始放松,并且身体会补充一些之前因被捕获的压力而损失的糖原储备。当体内没有糖原时,鱼的身体就会迅速猛烈地僵化,鱼肉就会很快变质,无法补救。一旦糖原储备得到补充,人们会运用"活缔法"(请参见"日本鱼"),在最佳条件下将鱼逐条杀死,而不会令它们感受到任何的压力或痛苦。然后,再将鱼放血,再用一条长长的铁丝剔除脊骨,最后,小心翼翼地将鱼皮取下,一定要确保鱼肉不被鱼皮上的黏液所沾染,以免滋生细菌。为了保证宰杀的精准度,以及满足必要的卫生条件,每次操作时都必须将刀清洗干净,并且及时更换切鱼的案板。然后,鱼肉就可以进行"熟成"或"熟化"了。日本的厨艺大师增井千寻 (Chihiro Masui) 在他的著作《时间的厨房》中提到,时间是鱼肉加工的唯一工具,不需要任何特殊的技巧。

为什么鱼也可以熟成?

您不知道吗?是的,人们也会将鱼肉熟成,尽管可能把"熟成"这个词用在鱼肉上并不是很贴切。对牛肉而言,人们追求的是更丰富的味道和嫩度,而对鱼肉而言,人们则是希望通过鱼肉的降解,为鱼肉带来新的味道、新的口感,并且充分释放鱼肉中所含的非常美味的氨基酸。

为什么除了日本鱼,其他鱼都不适合熟成?

其实除了日本鱼,也是有其他可以熟成的鱼的,不过很少见。首先,鱼的品质必须特别好;其次,需要采用"活缔法"杀鱼;最后,做鱼的人必须掌握料理之道。鱼肉的熟成时间取决于鱼的品种与贮存条件。要知道金枪鱼或鳕鱼,熟成至少需要1周,而出自大师之手的大麦鲆,最多可以熟成2周,并且会带来绝妙的口感。

美味!

为什么这些熟成的鱼肉主要用于寿司餐厅呢?

寿司是鱼肉最简单的烹饪方法,不需要任何技巧,但要求鱼肉的品质相当完美。高级寿司屋通常会自己制作熟成鱼肉,为每种鱼选择合适的熟成时间,有的鱼需要质地软嫩,有的则需要脆脆的、入口即化的口感,有的鱼肉需要保持味道鲜美且紧实、有嚼劲的口感。

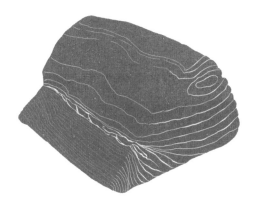

腌渍汁

腌渍汁可以延长食物保存期限，并且可以赋予食物各种香料的味道，
但它却无法使食物变得软嫩。让我来给您划划重点吧。

小故事

为什么中世纪的时候人们会用腌渍汁来腌肉？

主要有两个原因：

1. 这样做可以延长肉类的保存期限。将液体覆盖在肉上，可以阻止肉与空气接触，从而减缓肉类氧化和腐烂的速度。

2. 腌渍汁能够掩饰肉类真实的状态，会使它们颜色变深，令人无法辨别肉质的好坏。此外，腌渍汁的味道可以掩盖已经变质的肉类难闻的气味和口感。

为什么腌渍汁更容易渗透进鱼肉里？

鱼的纤维和陆地生物的纤维大不相同，它们所含的胶原蛋白很少。腌渍汁很容易钻进鱼肉的纤维里。但是千万不要将鱼腌制好几个小时，那样就会掩盖鱼肉本来的味道。那样就真的太可惜了！

惊奇！

为什么腌渍汁不能令肉质变软？

很简单，因为腌渍汁几乎无法渗透进肉块里。腌渍汁的分子太大了，因此无法钻进肉类的纤维中。科学家做过一个腌渍汁渗透进一块牛肉的实验，经过测量，4天的时间，腌渍汁仅仅渗透了不到5毫米。

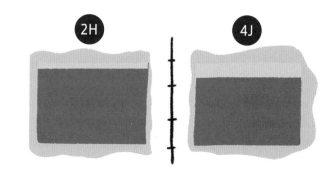

为什么腌肉前要将肉切成小块？

我们已经说过腌渍汁是很难渗透到肉里的。正常情况下，最多渗透2～3毫米。如果是腌制野猪腿的话，腌渍汁最多只能作用于肉类总量的1%。但是，如果您将猪腿肉切成3厘米的小块的话，渗透2～3毫米，就意味着腌渍汁对30%的肉起了作用。这样的话，我们的腌渍汁就赋予了猪腿肉很多、很多、很多的味道！

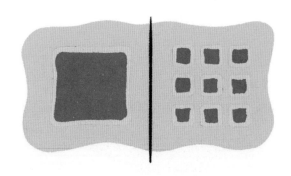

无论肉块的大小，腌渍汁只能渗透进肉里2～3毫米

为什么我们经常会往腌渍汁里加油?

油是吸收味道和香气的小能手。大部分芳香化合物都是可以溶解在油里的。因此,油可以把腌渍汁的味道和香气迅速地传递到被腌制的肉里去。

为什么我们会往腌渍汁里加某些带酸味的调料(葡萄酒、柠檬汁、醋等)?

过去,往腌渍汁中加入酸性调料的目的是延长食物的保存期限。酸性物质可以杀死某些微生物,并且能够吸收水分,使肉类变得干燥,从而可以保存更久。而如今,人们只会添加少量的酸味调料,为的是刺激人们的味蕾,增加清新的口感,但绝不是像某些报纸杂志上写的那样"为了让肉变得更加软嫩"。

为什么在腌制某些肉之前要先将肉煎至上色呢?

加酸味调料的腌渍汁,如红葡萄酒或醋,能够改变肉块表面蛋白质的结构。一旦这些蛋白质的结构被改变后,它们就会阻止肉被煎成焦褐色,因此必须在腌制前完成这个步骤。

为什么表面煎成焦褐色的肉反而更容易腌制?

在烹饪的过程中,肉的表面会形成许多细小的裂纹,某种程度上增加了肉块的表面积。由于肉的表面与腌渍汁的接触面积增加了,因此腌渍汁的味道更容易转移到肉里。结果就是大大地提高了腌制的效率,这绝对是最好的选择!

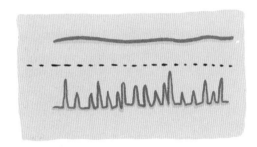

当肉被煎至焦褐色时,表面会变得凹凸不平,
肉与腌渍汁的接触面积就更大了

为什么我们要腌制用于烧烤的肉类?

千万别相信有的菜谱上说的"将肉腌制1~4小时",那样做根本没用,腌渍汁最多只能渗透进肉里1毫米!烧烤的肉之所以好吃,秘诀在于滴落在炭火上的液体令炭火冒烟。升起的烟雾给烧烤的食物带来了很多风味和香气。有的厨师甚至会故意往烧烤的木炭上喷洒几滴调味油,以制造烟雾,从而为食物带来更多的风味。

油醋汁

嗯！当我们能够保证油醋汁的调和比例适当时，这种略带酸味的调味汁能够充分唤醒我们的味蕾。

您是不是发现在任何一个家庭中，总有一位油醋汁的忠实爱好者呢？

这一页就是专门为他们准备的。

已证明！

为什么调配油醋汁时要先放盐和醋？

"超级无敌简单！"我6岁的儿子说：盐可以溶于水（醋里含有水分），但在油里却无法溶解。如果您将盐放进油里的话，盐不会溶解，会继续以晶体的形式存在。但也许您会说，如果我们先放盐和油，后加醋的话，盐也是会溶解的，因此也没什么不同吧。呃，其实，这样做一切都变了，因为事实会完全颠覆您的想象：一旦加入了油，盐的颗粒就被包裹了一层薄薄的油脂，会阻止盐与醋的接触。盐会变得很难溶解。当然，您也完全可以尝试一下。

为什么我的油醋汁里的油和醋不能融合？

油和醋是可以混合在一起的，但是这种乳化的状态无法维持很长时间，因为油分子和醋里的水分子不会粘在一起。您可以疯狂地摇晃几个小时，使它们混合在一起，但它们终究还是会分开，没办法，这就是自然规律。

要点回顾

为什么我们可以用荤油来制作油醋汁？

我们在"油和其他脂肪"部分已经说过，但在这里我要重申一下，可以用烤鸡或者烤羊腿滴下来的油代替普通的植物油制作某些沙拉的油醋汁或是用这些油来烤蔬菜，这会令人食指大动，并且会带来意想不到的好味道。

具体要怎么做呢？将这些荤油放入冰箱冷藏一晚，使其凝固，收集表面的油脂，然后将其溶解在油醋汁里。

关于油醋汁浓稠度的两个问题

① **为什么往油醋汁里添加少量的黄芥末可以增加其稳定性？**

黄芥末可以彻底改变油醋汁的状态是因为它其中的成分可以使油和醋融合在一起。因此，油醋汁就会变得更加浓稠、厚重。当一个两人家庭出现问题的时候，我们将其发展成一个三人的家庭，一切就会变得美好和谐了，油醋汁的原理和生活很像。

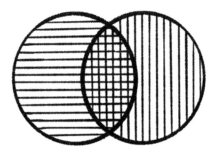

黄芥末可以连接油分子和（醋里的）水分子，
给油醋汁带来顺滑的口感

② **为什么比较浓稠的油醋汁会更好？**

如果油醋汁太稀的话，它就会顺着菜叶迅速地滑落，漏到沙拉碗的底部。但如果调味汁浓稠度较高的话，就能够吸附在菜叶上，这样沙拉味道会更加均匀。为了增加油醋汁的浓稠度，您也可以用蛋黄来代替黄芥末，同样会让您的调味汁呈现奶油般的质地，或者您也可以往油醋汁里添加少许蜂蜜，以增加一点点甜味。

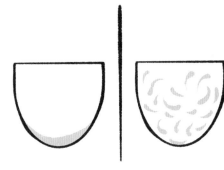

稀薄的油醋汁会滑落到沙拉碗的底部，
而浓稠的油醋汁则会附着在生菜上

真相

为什么如果过早加入油醋汁的话，沙拉会变色？

人们常说"醋会把生菜叶子煮熟了"，因为醋是酸性的。但事实上，根本不是因为醋才使得生菜被"煮熟"的！请听我解释。沙拉里的菜叶表面覆盖了一层很薄的油质保护膜。由于油和醋无法融合，因此醋会从这层油膜上滑走！相反，油醋汁里的油会留在叶子上，并且透过这层保护膜，对生菜叶造成损伤。难以置信，不是吗？

为什么如果油醋汁里添加了黄芥末，生菜叶就不容易变黑呢？

我们前面提到过，是留在菜叶上的油对菜叶造成了损伤。如果我们往油醋混合物中添加了黄芥末，并且以正确的方式搅打的话，会得到一份细密顺滑的乳状酱汁。油被乳液牢牢地"锁住"了，因此，它无法在新鲜亮丽的菜叶表面停留，也因此无法轻易地让菜叶变黑。

油停留在生菜叶的表面，
使菜叶变色

醋会从生菜叶上滑落

调味汁

蛋黄酱、伯纳西酱（béarnaise）和荷兰酱都是以油和鸡蛋为基底的调味汁。
此外，您还得知道如何将它们乳化。

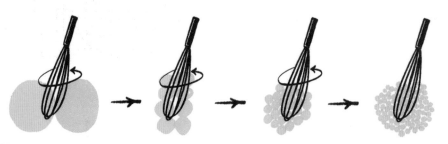

正确的方法

为什么制作蛋黄酱的时候要逐渐地往里面加油？

当我们将少量的油和蛋黄一起搅打时，我们可以将蛋黄中包含的水滴和油滴分离出来。搅打越充分，分离出油和水滴就会变得越细小。随后，就是见证奇迹的时刻啦：蛋黄形成的小液滴附着在小水滴的一侧，而小油滴则附着在水滴的另一侧。而此时的调味汁则变得浓稠厚重，并且很稳定。但是，如果一开始就添加了过量的油的话，您将无法将多余的油分解成微小的油滴，这样蛋黄酱也不会凝结。因此，一开始必须逐渐地加入油，当蛋黄酱开始凝固了，再少量、多次地加入剩下的油。

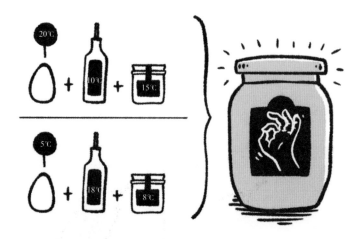

为什么蛋黄酱成分的温度根本不重要呢？

除非您将油放进冰箱里冷冻了，油被冻结后无法被打散成微小的油滴，否则，蛋黄酱各种成分的温度对于蛋黄酱的制作而言没有任何影响：蛋黄里所含的水分或是黄芥末（如果您添加的话）里所含的水分，在冰箱的冷藏室里并不会被冻结。千万不要为了另一个时代的谣言而感到困扰！

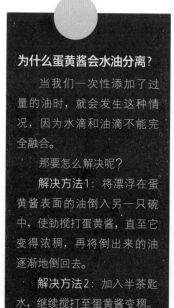

为什么蛋黄酱会水油分离？

当我们一次性添加了过量的油时，就会发生这种情况，因为水滴和油滴不能完全融合。

那要怎么解决呢？

解决方法1：将漂浮在蛋黄酱表面的油倒入另一只碗中，使劲搅打蛋黄酱，直至它变得浓稠，再将倒出来的油逐渐地倒回去。

解决方法2：加入半茶匙水，继续搅打至蛋黄酱变稠。

为什么在制作伯纳西酱时要先将龙蒿放入醋里煮，然后将其取出，最后再放入新鲜龙蒿呢？

我们刚开始将龙蒿叶放入醋里煮，是为了让龙蒿能够充分释放它的味道，因为它们会决定伯纳西酱的基调。随后，我们会将煮熟的龙蒿叶取出，是因为这些叶子煮软后，会变成烂糊糊的一团，很难看，就像煮烂的菠菜一样。我们最后放入新鲜的龙蒿是为了给酱汁增添新鲜和辛辣的味道，最终获得美味的调味汁。

专业技巧

为什么荷兰酱和伯纳西酱会分层？

当荷兰酱或伯纳西酱煮的时间过长或是火力过猛的时候，刚开始时倒入的水或者是醋和蛋黄里所含的水分就会蒸发。当水分不足以保持乳液状酱汁的稳定性时，酱汁就会出现分层的现象。蛋黄被煮得太硬了，就像煮鸡蛋一样，凝固的蛋黄导致酱汁分成了两层。当我们在准备调味汁时，一定要加入足量的水，火力要控制在能够令蛋黄变得浓稠，但却不至于令其变硬的大小。

为什么说即使酱汁分层了也很容易补救呢？

1. 取出3/4调味汁，放入一个碗中，往锅中剩余的酱汁里加入1～2茶匙的清水。快速搅打。

2. 当酱汁呈现乳液状时，将之前取出的部分酱汁倒回锅中，继续搅打。

3. 将剩余的酱汁逐渐地倒回锅里，继续搅打，直至酱汁重新变成浓稠的乳液状。

为什么荷兰酱和伯纳西酱可以变得很浓稠？

您可以想象一下煮鸡蛋的过程。当我们将鸡蛋放入沸水时，蛋黄会在3分钟内由液体变成稍微浓稠的液体，然后会变成柔软的糊状，最后会彻底凝固、变硬。制作荷兰酱和伯纳西酱的过程也是一样的。加热后，蛋黄变得浓稠，同时加入了黄油，从而得到非常美味的调味汁。

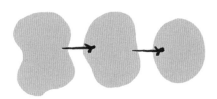

蛋黄加热的时间越长，就越浓稠

真相

为什么8根钢丝的打蛋器是没有意义的？

忘了这些困扰着年轻人的老旧过时的厨房箴言吧！重要的是，这支打蛋器要能够伸进锅里的每个角落。分子们根本不在乎搅打它们的打蛋器有8根钢丝还是4根钢丝。这真的完全没有影响！

汤底和高汤

不，不，不，制作汤底或高汤，可不是简单地将一块浓汤宝丢进沸水里煮！
我们完全可以自己炖一锅好汤。

美味！

为什么有的汤底和高汤特别鲜美？

当人们在准备高汤、汤底或鱼高汤时，主要的想法就是将固体食材（肉类、蔬菜、植物性香料等）的味道尽可能多地炖进汤里，形成美味的液体。就和我们泡茶或是浸泡干花干草一样。我们炖制高汤或者汤底的过程，就是为了汲取各种食材的鲜味，使其融入汤里。

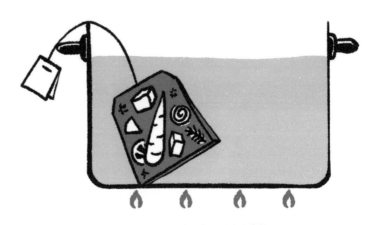

汤底和高汤都是浸泡出来的

关于炖汤用水的两个问题

❶ **为什么烹饪用水的水质非常重要？**

水不仅是用来炖煮汤底里的食材，最重要的是，水还是炖汤的主要成分：高汤、汤底和鱼高汤的重要组成部分都是水（只不过我们往水里添加了各种味道）。如果水本身就有味道（漂白粉或是其他味道），那么我们最后炖出来的高汤也会带有这种味道。因此，我们必须尽可能挑选无味的水，这样才能避免水的味道影响或掩盖其他成分的味道。

❷ **为什么我们不建议用自来水管里流出的热水炖汤？**

在热水从自来水管中流出来之前，热量会分解水管中的许多矿物质，会让流出来的水产生不好的味道。作为汤底或高汤的用水，就和烹制其他食物一样，一定要选用冷水，千万不要用热水。热水，只能用来刷锅洗碗。

为什么不要在开始炖汤的时候，或是炖汤的过程中加盐？

我们要尽量避免一切会妨碍炖汤的食材释放味道的行为。如果您一开始就往炖汤的水里加盐，您就增加了水的密度。而水的密度越大，吸收新味道的能力就越差。因此，我们千万不要在刚开始炖汤的时候加盐。

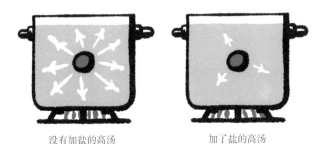

没有加盐的高汤　　　　　　加了盐的高汤

已证明!

为什么炖汤时需要加入大量的水？

从某种角度来看，当水吸收了很多味道，处于饱和状态时，即使再继续炖上几个小时，也已经无法吸收新的味道了。基本上它就像一个行李箱一样，当它被塞满的时候，它就是满了，您不可能再往里面塞进任何东西了。唯一的解决方法就是一开始炖汤时就加入足够多的水，这样才能尽可能多地吸收肉的味道。

炖汤时应该如何选择炖锅的材质？

某些材质的锅，如铸铁锅，由于锅很厚，因此可以聚集热量然后再慢慢地传到锅的整个表面。因此，锅中的液体，无论是底部还是侧面，都以同样的方式受热，整个烹饪过程受热非常均匀。而其他材质的锅，如铁锅或是不锈钢锅，是无法聚集热量的，它们只能将热量传递给受热的部位。因此，这些炊具的底部的温度很高，而侧面却无法被加热。结果就是，炖锅里处于不同位置的食材，烹饪的效果是不同的，这些材质的锅用来炖汤的效果显然没有铸铁锅好。最后，这是个有点科技含量的问题，铸铁锅散发的热辐射是温和的，而不锈钢锅和铁锅散发的热辐射是猛烈的。而我们，肯定希望我们炖的高汤和汤底是被温和地加热的。所以，铁锅和不锈钢锅，直接出局！

为什么也不要往高汤里加胡椒？

过去，人们无法保证肉类绝对的卫生，因此会往肉里添加胡椒来杀死部分微生物，起到防腐的作用。而现在，很幸运，我们已经不需要这么做了。胡椒就和茶叶或是马鞭草一样，经过热水的浸泡后会散发出浓烈的味道。如果在水里煮的时间过久的话，还会产生苦味和辛辣刺激的味道。如果您不希望您的汤又苦又辣的话，那就千万不要在炖汤的过程中添加胡椒。

铁锅或不锈钢锅

铸铁锅

汤底和高汤的知识

为什么在加水炖煮前要将骨头的表面煎至上色？

骨头本身是没有味道的，其主要成分是钙。贡献美味的是关节上的软骨，某些骨头中的骨髓以及附着在骨头上的小块碎肉。当您将肉骨头的表面煎至上色后，骨头上的小碎肉、一部分软骨和骨髓会产生美拉德反应，从而产生更加丰富的味道。煎过的骨头放进高汤里煮，味道更鲜美。

为什么肉块的大小很重要？

我要重申一下我们炖汤底或高汤的主要目的是为了让不同食材的味道尽量释放出来，融入汤里。如果您将一大块肉放进水里煮的话，肉中间的味道需要跋山涉水、经历重重关卡才能到达汤里。由于距离太远，大部分味道甚至无法到达。这听起来是不是有些傻？而如果您将肉切成不是很厚的肉片的话，味道从肉片的中心位置到汤里的距离就缩短了，这样肉里的味道就很容易融入汤里。您也能煮出一锅味道更加鲜美的高汤。

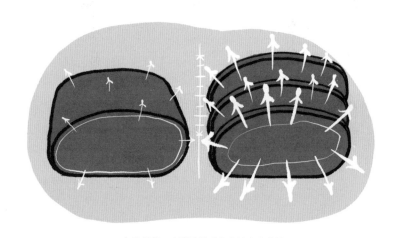

肉片越薄，味道扩散到水中的速度越快

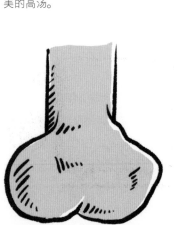

专业技巧
为什么高汤要用文火慢炖？

要制作高汤或者汤底的话，必须选用富含胶原蛋白的肉类，因为胶原蛋白加热后会转化成胶质，更能产生非常丰富的味道。这里有一个小问题。为了转化成美味的胶质，胶原蛋白必须用不是很高的温度加热很长时间。这就是为什么炖高汤必须用文火慢慢煮的原因啦，请注意，炖汤的温度应保持在80℃左右。那么如何确认温度是否合适呢？当您看到1～2个泡泡慢慢升起来的时候，温度就差不多对了。您可以尝试一下，结果一定会和您以前认为的不一样。

为什么我们常常会看到"去除高汤中的杂质"这句话？

我恨不得马上告诉您，这是我在厨房里听过最愚蠢的废话！除非蔬菜上的泥土没洗干净，否则高汤里是没有杂质的！高汤里那些细小的微粒，是散落在汤里的小碎肉，并不是什么杂质。另外，在您料理一块牛肋排时，您要如何去除所谓的杂质呢？您什么都不用做，理由很简单，就是牛肋排上根本没有杂质。

为什么在熬制汤底时要先加盖煮然后再开盖收汁呢？

如果一开始不盖上锅盖的话，一部分水分会蒸发掉，汤会逐渐减少，和收汁的效果差不多。这样在肉还没有释放出它所有的味道前，汤的味道已经饱和了。这样多可惜啊！如果盖上了盖子，您就能阻止水分的蒸发，就可以把肉里的味道充分地转移到汤里。当肉的味道完全融入汤里后，打开锅盖收汁，千万别把顺序搞错了，这两个步骤不能同时进行！

为什么人们会将高度浓缩的汤底叫作"冰块"呢？

汤底里的水分蒸发得越多，汤底的浓缩程度就越高，胶质含量也会随之增加。这种胶质是透明的、发亮的，它使得高度浓缩的汤底变得透亮、反光，就像冰块一样。

关于浮沫的两个问题

①　为什么被我们称为"浮沫"的东西其实并不是真正的浮沫？

浮沫是液体和液体表面漂浮的杂质的混合物。而在我们的高汤里，根本就没有杂质，因此这层东西也就不是真正的浮沫啦，就是这样。

②　为什么尽管这些并不是真正的浮沫，但我们仍然要"撇去浮沫"呢？

我们需要撇去的浮沫是漂浮在高汤表面的一层近乎白色的泡沫。它是由肉类中凝固的蛋白质、脂肪以及空气构成的（因为混入了空气，所以才会呈泡沫状）。这层浮沫会给高汤带来一种苦味，因此必须撇掉。如果我们用大火炖汤的话，这层泡沫就会越来越多。但如果用较低的温度煮汤的话，其实是不会产生什么浮沫的。

汤底和高汤的知识

为什么要撇去（或者不用撇去）高汤表面的那层油？

　　高汤或汤底中所含的脂肪会轻轻地覆盖在我们的味蕾上。根据油脂数量的多少，它会给我们的味蕾或多或少带来一些鲜美的味道和悠长的余味。没有撇去油脂的高汤留在口中的余味更长，但是口味却没那么丰富。而撇去油脂的高汤留在口中的余味相对较短，但是味道却更加细腻、丰富。您也可以只将高汤里的一部分油脂撇去，这样既可以获得悠长的余味又可以感知丰富的味道。但是，如果您将高汤表面的油脂撇去的话，千万别把这些美味的珍品扔掉，它们真的是上天的馈赠！将这些油脂放入冰箱冷藏4～5天，可以用它代替普通的油来制作油醋汁（请参见"油醋汁"）。您也可以用它来烤蔬菜，或者用它来煎鱼等。使用前请记得将它在室温下放置1～2小时，待其融化。

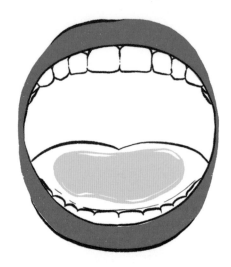

高汤中的油脂覆盖在味蕾上，改变味蕾
对食物味道的感知以及余味的长度

为什么要用软面包来吸取高汤表面的油脂？

　　通常，我们会将高汤放置一夜，等到高汤表面的油脂凝固，再将其撇去。但是如果您赶时间的话，也可以在高汤还是热的时候，用一片软面包迅速划过高汤的表面。面包会吸收一部分液体，而这部分液体里也包含了一些油脂，这样您就可以快速地去除高汤里的部分油脂了。

用一片软面包划过高汤的表面
可以去除热高汤中的一部分油脂

为什么好的高汤会凝结成胶状？

　　在烹饪的过程中，肉类所含的胶原蛋白会转化为美味的胶质。如果我们用的肉质量好的话，肉里含有足够的胶原蛋白，或者有很多禽类的骨头，经过一夜的时间，高汤就会凝结成胶状。这种胶质是高汤品质的象征，也意味着里面包含了很多风味。

❶ 为什么要澄清高汤?

澄清是指尽量去除高汤中的悬浮微粒,使得高汤变得更加清澈透明。澄清高汤主要是利用蛋清、绞肉和切碎的蔬菜的混合物来实现。首先,我们往汤里倒入蛋清,蛋清在煮熟的过程中可以吸附汤里悬浮的微粒,使高汤变得清澈。

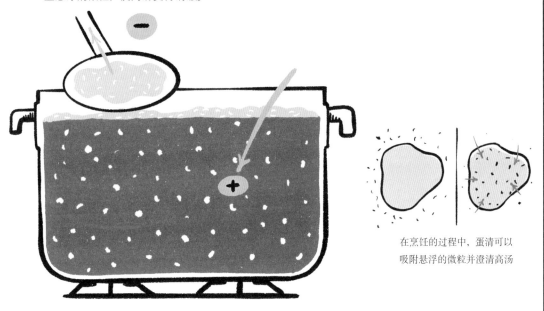

在烹饪的过程中,蛋清可以
吸附悬浮的微粒并澄清高汤

澄清一方面能够去除有味道的微粒,
另一方面通过加入肉和蔬菜,可以赋予高汤新的味道

❷ 为什么要往澄清高汤里添加绞肉和蔬菜?

在进行澄清高汤的过程中,我们去除了高汤里的悬浮微粒。但问题在于这些微粒能够给我们的高汤带来相当丰富的味道。如果把这些微粒去除了,我们的高汤也会变得平淡无味。因此,为了补偿这部分流失的美味,我们通常会往高汤里再加入一些绞肉和蔬菜,这样就能够在澄清的过程中重新赋予高汤新的味道。

美味!

为什么往高汤里加少许酱油会产生令人愉悦的味道?

您应该听说过"鲜味"这个词吧?没听过?有些人认为这是除了酸、甜、苦、辣的第五种味道,但其实这种味道并不存在。更确切地说,这种味道能够给人带来幸福感。在烹饪的过程中,如果您往高汤里加入少许酱油,或者加入一小块帕马森奶酪皮的话,就会为您的汤增加少许鲜味。您不必仔细辨别它们的味道,只要去尽情享受这种愉悦感就行了。

鱼高汤

鱼高汤是用鱼烹制的高汤。好吧，帮帮忙，请您务必尝试一下自己制作的鱼高汤，您会发现这和您平时扔进炖锅里的脱水高汤块完全是两码事。

自己制作的鱼高汤，不只是鲜美，而是非常、非常鲜美！

要点回顾

为什么熬汤的水质非常重要？

　　和用肉类熬制的高汤一样，水是鱼高汤的主要成分。质量平平的水有可能会令高汤产生糟糕的回味，这样是永远无法熬制出美味的鱼高汤的。不，不，不，这绝不是您要的结果，所以请务必选择没有任何异味的水，水的味道越平淡越好！

关于鱼高汤中鱼骨的三个问题

1 为什么熬制鱼高汤时一定要将鱼骨冲洗干净？

　　一定要将鱼的血液、黏液以及一切可能接触到鱼鳞的部位冲洗干净。仔细地去除鱼鳃。请注意，一定要将鱼的内脏统统清理掉。是的，只留下鱼骨、鱼头和鱼皮等最简单的部位。

2 为什么要将鱼骨切成小块？

　　如果将鱼骨切成小块的话，它们在炖锅里所占的空间就比较小，那样就不需要加很多水来没过它们。这样熬制的鱼高汤会更加醇厚、更加鲜美，如果水放太多的话，鱼汤的味道就被稀释了。

3 为什么在加入其他食材前要先将鱼骨煸炒5分钟？

　　当您用黄油或者橄榄油慢慢地煸炒鱼骨时，会产生一种非常丰富、非常复杂并且非常醇厚的味道。如果您直接将鱼骨和鱼头放进水里炖煮，是无法获得这种美味的。所以，煸炒5分钟，然后加入蔬菜，继续煸炒5分钟（①）。倒入白葡萄酒，开盖，用大火煮2～3分钟收汁（②），最后加水煮（③）。

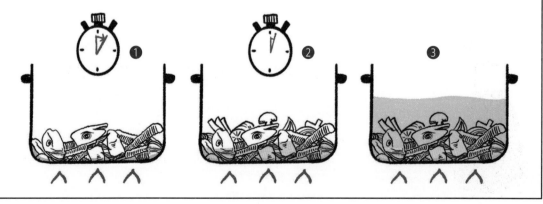

为什么要以低于沸点的温度烹饪？

制作鱼高汤是用文火熬制鱼骨和鱼头，而不是大火煮。烹饪的温度必须足以让食材的味道释放到汤里，但又不能太高，否则会导致鱼汤沸腾。通常会用略低于鱼汤沸点的温度，即80℃左右的温度加热，也就是说您只能看到鱼汤表面缓缓地升起1～2个泡泡。烹饪的温度不能更高咯！

为什么要将鱼高汤静置30分钟？

在烹饪的过程中，蔬菜、鱼骨或者鱼肉上可能会掉下一些细小的颗粒。将鱼高汤静置30分钟后，可以让这些微粒沉淀到锅底。您就可以避免将这些微粒倒进漏勺里。

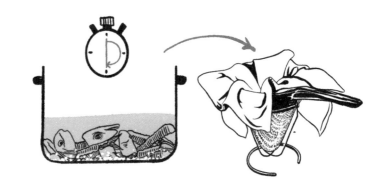

将鱼汤倒入漏勺前要做些什么呢？

好的鱼高汤应该是清澈、透亮的。为了能够获得清澈的高汤，我们就必须过滤掉汤里所有的固体。因此我们必须将煮好的鱼高汤倒进漏勺过筛，这样才能得到世界第一的鱼高汤！

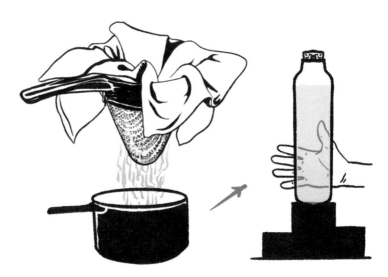

为什么将鱼高汤放进冰箱里冷藏一夜后会结冻？

鱼骨中含有胶原蛋白，胶原蛋白在烹饪的过程中会转化成凝胶。冷却后，凝胶变得浓稠，并且凝结成块，这完全和肉类的高汤是一样的。

为什么鱼高汤也要用大火收汁？

在烹饪过程中，我们会倒入淹没过鱼头和鱼骨的水，这样才能防止水分吸满了味道而过早地饱和。现在，我们的鱼汤已经充分吸收了煲汤食材的味道，我们就可以揭开锅盖，用大火煮一会儿，将1/3的水分蒸发掉，让我们的鱼高汤变得更浓更鲜美。

肉类的烹饪与温度

很多人应该都听屠夫说过，烤肉时需要提前1小时把肉从冰箱里取出来，嗯！
这样做可以避免热冲击！咳！忘了这糟糕的建议吧！
让我们认真地科普一些与烹饪肉类的温度相关的常识吧！

真相

为什么说"必须在烹饪前1小时把肉从冰箱里取出，以避免热冲击"是蠢话呢？

坦白地说，这是我听过愚蠢的技巧之一。您可以尝试着用一口室温下的锅煎牛排，没有任何热冲击。您会有新的发现，肉和锅之间存在温差才能把肉做熟，不是吗？没有热冲击，如何产生美拉德反应，如何能把肉煎至焦香？确实，有些肉类是需要在烹饪时提前从冰箱取出的，但绝不是为了避免热冲击。

为什么说热冲击会使肉变硬？

将直接从冰箱里取出的肉放进烧热的锅中，会使肉质变硬，但是，将肉放置到室温再煎则不会？当然不是！完全不是这么回事！让我们来看看。

冰箱温度（5℃）和室温（20℃）的温差是15℃，您难道真的相信您可以在烤肉时将您的锅或是烤箱周围的温度控制在15℃？您每次下厨时都能保证用温度计测量锅的温度并将温度控制得丝毫不差？哈哈哈，真是好笑！您真的认为15℃的温差对于很快会上升至200℃的煎锅而言会有很大的影响？更不用说可以升温到400℃的烧烤炉了。如果您做出来的肉又硬又干，

那是因为您为了将肉的中间烹熟，而导致表面加热时间过长而造成的，这完全与热冲击无关。

假如要用刚从冰箱里取出的肉煎一份三分熟的牛排，您得将牛排的温度从5℃（冰箱的温度）升至50℃（带血牛排的温度），所以在烹饪过程中您必须将温度升高45℃。如果您的牛排已经放置至室温，即20℃，那么您只需加热升温30℃，这样一来烹制的时间就缩短了，可以避免牛排的表面煎得过久，而牛排里面也可以煎熟。这样做出来的牛排会更加鲜嫩多汁。这是需要烹饪前将肉提前从冰箱里取出的唯一原因。

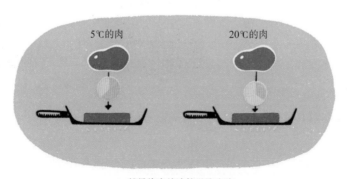

越早将肉从冰箱里取出来，
煎肉所需的时间就相对越短

为什么要在烹制前将肉提前从冰箱里取出来呢？提前多久才够呢？

有人说提前30分钟，有人说要提前1小时。其实，我们只需要用温度计测量将冰箱取出的肉放至室温需要多长时间不就行了吗？那么您准备好了吗？我们开始了！

一块200克冷藏的侧腹牛排彻底达到室温大约需要2小时，而一块4厘米厚的牛肋骨则需要4小时，一捆直径7厘米的烤牛肉，恐怕需要5小时以上了。

将冷藏的肉提前取出是有必要的，但是，如果笼统地说提前30分钟，那就等于白说。

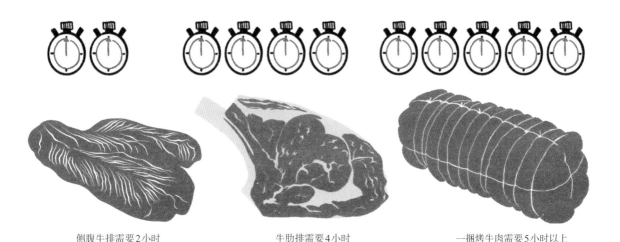

侧腹牛排需要2小时　　　　　　牛肋排需要4小时　　　　　　一捆烤牛肉需要5小时以上

为什么肉的厚度决定提前取出的时间？

大块的肉（如整只鸡、羊腿等）烹饪的时间长，温度渗透的速度较慢，15℃的温差对于做出来的肉质是否软嫩多汁毫无影响，只需要多煮几分钟就行了。如果要等整只鸡或整个羊腿达到室温至少需要6~7小时，而这么长的时间很容易让肉类滋生细菌，所以，这类冷藏的肉烹制前根本不用提前取出。

对小块肉而言（如牛排、肉片等）则不同，因为它们烹制的时间短，这就需要肉的中心温度够高，才能避免表面煎煮得过老。对这类小块的肉，我们则需要提前2小时从冰箱里取出，使其中心温度接近室温，即20℃。如果要煎制三分熟的牛排则不要高于30℃。

为什么我的好友托马斯（THOMAS）可以把大块的肉做得那么好吃？

我在烹饪界的好友托马斯，化学专业毕业，资深美食家。他的做法完全不按套路出牌。他会利用巨大的热冲击加上小火慢炖的方法来烹制大块的牛肉。

1. 托马斯会将冷藏的烤牛肉或者其他大块肉类直接放入热锅里，肉的表面迅速升温，并且很快被煎成焦褐色（其实已经放至室温的肉也一样），但肉的中心部分升温速度会变慢，因为肉是冷的。所以，灰色的部分，在高温的烹制下已经煎得过老的部分会迅速收缩，大概不到半毫米。

2. 他会把肉从平底锅里取出来"醒"几分钟。

3. 关小火，使温度保持在70℃左右，重新将肉放入平底锅，加盖，然后静待肉的中心达到合适的温度，就可以起锅装盘了。

简而言之，他的技巧就是将肉的表面迅速地煎至焦黄，而后再用低温烹制，结果真是美味得无法言喻。

加盖或不加盖？

一定要加盖？不能加盖？先加盖煮再开盖煮，或者反过来，或者两者皆可？
我们永远不知道该怎么做。然而，类似这样的问题其实都是可以轻而易举地解释清楚的。

为什么要加盖？

加盖烹饪有许多优点：一方面，加盖可以把烹饪过程中食物中蒸发掉的水分留住，这样做出来的菜肴口感不会太干，因为它们的烹饪环境比较湿润。

另一方面，加盖烹饪可以加快烹饪的速度，因为潮湿的空气比干燥的空气导热速度更快，比如在烤箱里。

但是，加盖烹饪也有缺点，那就是烹制的食物始终是湿润的，并且食物的表面很难被煎或烤成焦褐色。

为什么不用加盖？

当我们开着盖子烹饪时，汤汁会蒸发掉，食物中散发出来的水分就流失了，烹饪的时间会变得更长。此外，随着食物变干，它们的表面更容易呈现焦褐色。但是，请注意大块的肉，因为它们很容易里面还没熟，表面已经老了！为了避免这个问题，我们一定要控制好烹饪的温度，千万不能用太高的温度去烹饪。

正确的方法

为什么鱼肉要用铝箔纸包起来？

卷起来的铝箔纸就像一口密闭的炖锅一样，使得鱼肉可以在湿润的环境中被烹饪，能够防止鱼肉变干。我们可以加入香草植物、切成小块的蔬菜、少许橄榄油等。如果不需要将表面煎至焦黄的话，整条鱼也是可以用铝箔纸包起来烹饪的。

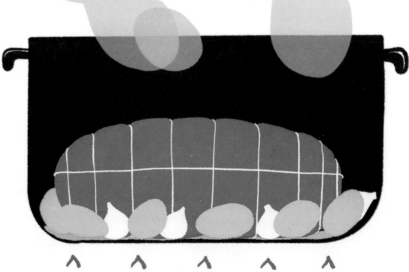

开盖烹饪能够让蒸汽散发出去，
可以让食物表面变得焦脆，
并析出美味的汤汁

为什么煎炒蔬菜不能加盖？

煎炒蔬菜的关键就在于用旺火快速地煎或炒，以获得外焦里嫩的效果。为了保证蔬菜外表焦脆的口感，就必须保持用旺火煎炒，让蔬菜中的水分能够迅速蒸发掉。因此，千万不要盖上锅盖。

为什么烤蔬菜时，刚开始是要加盖的？

用烤箱烤蔬菜时，刚开始我们会在蔬菜上盖一层铝箔纸，这样做可以让热量有足够的时间渗透进蔬菜里，而蔬菜不至于干掉。当蔬菜被烤熟后，将铝箔纸揭开，蒸汽会散发掉，接着我们会利用烤箱里干燥的热气将蔬菜表面烤得金黄焦脆。

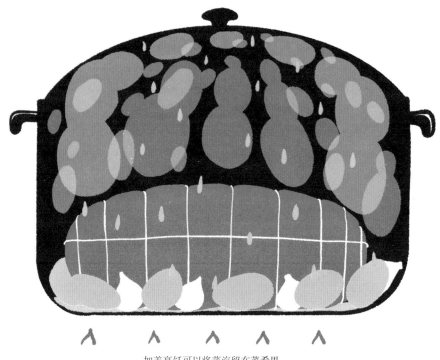

加盖烹饪可以将蒸汽留在菜肴里。
食物可以在湿润的空气中被慢慢地烹煮

注意啦！技术问题！

为什么烹饪某些肉类时需要先开盖再加盖？

一大块牛肋条需要用文火慢慢地烹煮，以防肉质过干。因此，刚开始我们会打开锅盖，将牛肋条的每面都煎至焦褐色，让它的味道散发出来，然后将火调小，盖上锅盖，让热量慢慢地渗透进肉里，同时保证湿润的口感。用这种方式烹饪，肉的口感不会太干。

为什么烹饪烤肉则需要先开盖再加盖，最后再开盖烹饪？

在开盖的炖锅里将烤肉或者整只鸡的表面煎至上色后，盖上锅盖，以保持肉的湿润度，防止肉质变干。

烹饪结束前，将锅盖打开，重新转大火，把食物表面的水分蒸发掉，让表皮变得焦香酥脆。

煎肉

通常情况下，炒肉是用炒锅来烹饪的（可也许您觉得用煎锅炒肉更顺手），而煎肉则应该用煎锅。
好吧，还是让我们来看看应该如何制作煎肉吧。

为什么一定要提前将取出的肉擦干？

当您把肉从冰箱里取出后置于自由的空气中时，空气中的水分会在肉的表面凝结，从而形成一层水膜。必须将这些水滴全部擦掉，否则你要做的肉就可能是在水里被煮熟的，而不是被烤熟的了。

肉上残留的水分被压在锅底，会阻碍肉的表面被煎至上色

正确的方法

为什么不要同时煎好几块肉？

如果你用好几块肉将锅底彻底盖住，而你还奢望所有的肉都能被煎成焦褐色，不好意思，迎接您的将会是一场灾难！听我给您慢慢解释。

1. 您放入锅中的肉块数越多，就有越多的肉使锅底的温度降低，而煎锅就没有足够的温度将肉里的水分迅速地转化成蒸汽蒸发掉，这样您煎出来的肉会很松散，没有焦脆的外壳。

2. 如果这些肉一块挨着一块，那么转化成蒸汽的水分没有空间散发出去。它们就会留在锅里把肉煮熟，从而导致肉的表面无法被煎成焦褐色。因此每块肉之间必须留有足够的距离，以便于蒸汽可以蒸发掉。

为什么在煎肉的过程中必须不断地往肉上浇淋汤汁？

用平底锅、煎锅或是烤架等烹饪时，肉都只有底部被烹煮。将烧得很热的汤汁淋在肉上，才能使肉的表面也能被煮熟。这样一来，肉的上面和下面才能受热均匀。

但最重要的是，通过往肉上浇淋汤汁，您用来煎肉的锅底也会留有一些肉汁。

结果就是，煎好的肉风味更佳！

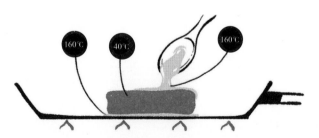

将滚烫的汤汁淋在肉的上方，将肉煮熟的同时，
赋予了肉更多的风味

为什么烹饪过程中肉会变干变硬？

在烹饪的过程中，肉里所含的部分水分会蒸发掉，这是事实，但水分的蒸发并不是导致肉质变干的唯一原因。在加热的过程中，某些蛋白质会凝固并结合在一起，形成一种网状。

如果我们继续加热的话，其他的蛋白质也会凝固并形成另一层网，随后，其他的蛋白质继续凝固，以此类推。所有这些网牢牢地锁住了肉里的水分，然后肉就会变得难以咀嚼。其实，煎得很老的肉和煎得很嫩的肉里所含肉汁的数量是差不多的，只不过煎过头的肉容易让人忽略肉汁的存在。

为什么在煎烤牛排前必须要把平底锅或烤架烧得很热？

肉里含有70%的水分。如果您上中学的时候有好好听课的话，您就会知道水最高只能加热到100℃。因此，肉里所含的水分会阻止牛排表面的温度超过120℃～130℃，即使是在一口烧热至200℃的平底锅里也一样。当您将牛排放进一口烧得很热的平底锅或烤架上时，肉会令锅冷却。

为了避免锅的冷却速度过快，因此一开始就要把锅或烤架烧得很热。

美味！

为什么我们煎肉的时候会冒白烟？

这个问题超级简单。肉和所有食物一样，含有很多水分。加热时，一部分水分转化成蒸汽。这些蒸汽里含有许多带有浓烈气味的芳香化合物。这就是为什么在我们烹饪时会有香气四溢的炊烟升起。

已证明！

为什么煎肉时会油花四溅？

如果锅底或者烤盘底有油的话，油与肉里喷出来的蒸汽接触后，就会喷溅得到处都是。

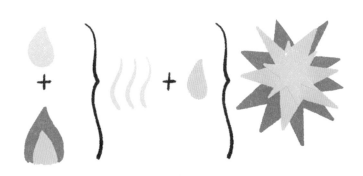

煎肉的知识

为什么说在煎肉时只翻一次面是很愚蠢的行为？

我们常常会看到这句话，"煎牛排时只能翻一次面！"然而，我实践过，我选用了一块6厘米厚的菲力牛排（tournedos），将其切成两块3厘米厚的牛排，我将两块牛排放在同一口平底锅里同时煎。其中一块每30秒翻一次面，而另一块在3分钟内只翻一次面。

当牛排的中心温度达到50℃时将其取出，然后我发现。

一是只翻一次面的牛排比另一块牛排要多煎42秒才能达到同样的温度。

二是我将这块菲力牛排切成两半，以观察两者烹饪后的差别，结果显而易见。为了将两块牛排都煎至三分熟，也就是说牛排的中心温度是相同的，只翻一次面的牛排（①）已经煎得太老了，牛排两面超过5毫米（大约总厚度的一半！）的部分都变得很干。而每30秒翻一次面的牛排（②）却依然很嫩，只有不到1毫米的牛排有些干。

关于煎牛排只翻一次面还是可以经常翻面的讨论就此终结！

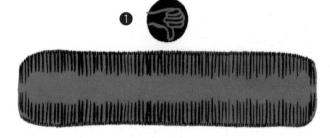

只翻一次面的牛排很大一部分都煎老了

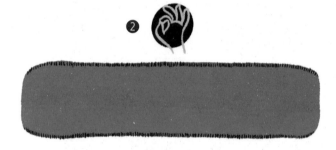

每30秒翻一次面的牛排只有薄薄的一层有些老

所以，为什么经常翻面真的比较好？

肉类的热量传递主要通过它们所含的水分实现。没有水分就等于无法传递热量（或者传递的热量很少）。在煎肉的过程中，与平底锅接触的肉的表面，水分会变成蒸汽流失并且变干。肉的表面越干，能够传递的热量就越少，因此热量传递到肉的中心位置的时间会更长，这块肉的烹饪时间也就越长。这样一来，肉很容易煎老！

然而，如果您经常为这块肉翻面的话，它的表面不容易变干，热量传递到中心位置的速度更快。那么烹饪的时间就缩短了，大部分牛排就能够保持软嫩，只有表面薄薄的一层煎得比较老。

为什么肉煎好后一定要"醒"一会儿才是最棒的?

当肉煎熟后,它的表面是又干又硬的。如果您将煎好的肉静置一会儿,干燥的表面会吸收肉里仍然保留的部分汤汁,会重新变得湿润、多汁。在慢慢冷却的过程中,汤汁会变得浓稠,在我们切肉时汤汁不容易流出来,这样肉嚼起来更加多汁。

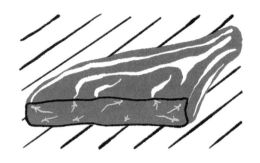

在静置的过程中,汤汁会循环并且变稠

真相

为什么淋在肉上的汤汁不会被肉"吃"进去?

要想让肉"入味",必须让我们淋在肉上的汤汁渗透进肉里。而这可能就要让您失望了。烹饪中所用的液体是无法通过这种方式渗透进肉里的。在介绍腌渍汁时,我们已经提到过,腌制好几天,腌渍汁也只能渗透进肉里2~3毫米(请参见"腌渍汁"),您可以想象一下,没什么东西是可以在几分钟的时间内渗透进肉里的!

为什么用叉子扎在肉排上翻面并不会导致汤汁的流失?

"在烹饪的过程中,千万不要用叉子去戳肉排,这样它的汤汁就流走了!"这句蠢话我们听过多少遍了?人们在解释这个道理时,脑海中想象的是,肉里装满了水,如果我们往上面扎些小洞,汤汁就会全部流走。他们还会认为肉排表面焦脆的外壳能够锁住水分,一旦外壳被戳破了,汤汁就会很容易流光。如果按照他们的逻辑,当我们用叉子去戳锅里的肉时,汤汁应该会像喷泉一样喷射出来!然而事实并非如此。肉就像管道一样,是由好多种纤维构成的。当您用叉子去戳的时候,您会扎破某些纤维,但其实被扎破的纤维只是其中极小的一部分。相较所有纤维而言,被扎破的纤维数量微乎其微,甚至可以忽略不计。用您喜欢的方式去给肉排翻面吧,这不会产生任何影响!

为什么"醒"好的肉要再加热一下呢?

肉"醒"好后,干燥而酥脆的外壳会重新变得湿润而松散。如果您开大火快速地加热它,它又会形成美味焦脆的外壳。因此,将醒好的肉重新放入烧热的锅中,每一面各煎几秒钟。这可是大厨们的秘诀。

为什么在烹饪过程中形成的焦脆的外壳并不能锁住汤汁?

这仅仅是因为这层外壳并不防水,并且上面有很多裂缝,肉里的汤汁可以从这些裂缝里流出来。要验证这个问题再简单不过了。当您将煎好的肉放在铝箔纸上时,您会发现纸上会有汤汁。而这些汤汁就是透过肉排表面焦脆外壳流出来的,这层外壳并不是不可渗透的。

煨肉

哦，不，煨肉可不是将肉放在木炭上烤哦，而是利用蒸汽慢慢地将肉煮熟。
您可能对此一无所知。

为什么煨肉一定要用铸铁锅，而不要用铁锅或是不锈钢锅？

铸铁是文火慢煨的理想材质（请参见"炊具"），而铁锅和不锈钢锅则更适用于大火快炒。要想做出美味的烧肉，别犹豫，用铸铁锅，您绝对会收获意想不到的效果。

为什么美味的煨肉一定要做很长时间？

胶原蛋白需要经过很长时间才能被分解。它需要几个小时才能完全溶解，并且能够释放出大量含有异常鲜美的氨基酸的汤汁（见"肉类的软硬度"）。

为什么煨肉时要在锅底垫一层蔬菜？

如果您将肉直接放在锅底部的话，肉与锅底接触的部分会比其他部分熟得快得多，就和煎肉一样。但如果您在炖锅底部垫一层蔬菜的话，肉不会直接接触热源，而是完全被蒸汽蒸熟的。

煨肉其实是一种蒸的烹饪方式。
在炖锅的底部垫一层蔬菜，
可以避免肉被浸泡在液体中

为什么煨肉时只需放入少量的液体？

煨肉的原理是把肉放在蔬菜上，再加入少量的液体调味料（汤底、高汤、葡萄酒等），利用蔬菜和这些液体调味料产生的蒸汽将肉蒸熟。这些液体会转化成蒸汽，上升至锅盖，在锅盖上凝结并重新变成液体落回锅里，淋在肉上。正是这个过程使肉能够保留它所有的味道。湿润的烹饪环境能够阻止汤汁的流失，而且，胶原蛋白的分解会产生非常美味的酱汁。

关于用烤箱炖肉的两个问题

①　为什么烹饪温度不能高于60℃？

　　胶原蛋白在55℃左右开始溶解，这大概是最理想的烹饪温度。但是那些微生物（细菌）在60℃的温度下才能被杀死。因此，这是炖肉必须达到的最低温度，也是做出美味炖肉的最高温度。

　　但是，请注意，我这里所说的60℃是指肉的温度，可不是指烤箱的温度哦！就烤箱而言，温度设定在120℃通常是最好的。

　　另外，当您在炖猪肉时，一定要特别小心，猪肉里的寄生虫只有在超过80℃的温度下才能被全部杀死（见"肉的品质"）。在这种情况下，请将烤箱的温度设置为140℃。

在烤箱里，炖锅可以接受来自下方、
上方和侧面的热量

②　为什么用烤箱炖肉效果更好？

　　肉必须从上面、下面和侧面同时加热才能受热均匀。如果您将炖锅放在电磁炉上，只有锅的底部可以受热，而将炖锅放进烤箱的话，四面都能受热，就连顶部也能被加热。这样，炖肉才能享受到来自四面八方的热量，被均匀地烹饪。

在电磁炉上，只有炖锅的底部能被加热

正确的方法

为什么最好将锅盖封住？

　　如果炖锅里的水分流失的话，肉就会变得很干，酱汁也很容易煳。当我们用面粉、蛋清和水的混合物将锅盖封住后，就能避免锅里水分的流失，让烹饪的效果变得完美。

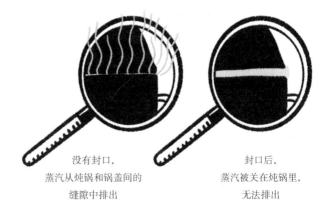

没有封口，
蒸汽从炖锅和锅盖间的
缝隙中排出

封口后，
蒸汽被关在炖锅里，
无法排出

炖肉

好吧，炖肉既没有焦脆的外壳也没有弹牙的口感，
但它们在咕嘟咕嘟慢慢炖煮的过程中吸饱了汤汁，
同样别有一番风味，不是吗？

为什么在炖肉前将肉焯水毫无意义？

很久以前，人们就开始这样做了，因为那个时候肉不能保存在冰箱里，很容易变质甚至腐烂。因此，将肉焯水可以将肉清洗干净，并且去除一些可能给肉汤带来的难闻的味道。如今，肉可以保存得很好，这种习惯已经失去了存在的意义。炖肉前别再给肉焯水了，这已经是老皇历了！

先将肉煎至上色再炖很有必要吗？

有的厨师为了做出美味的蔬菜炖牛肉，会在炖肉前先将牛肉的表面煎至上色。这是个不错的想法，因为这样做会为肉增添许多风味，同时也会让肉汤更加美味。更赞的是，用煮肉的锅将肉煎至上色，然后倒入高汤，再加入蔬菜，最后加盖炖煮。粘在锅底的肉汁会逐渐地脱落，融入高汤中，为高汤增加丰富的味道。

煎肉时产生的肉汁会为水煮肉增添很多风味

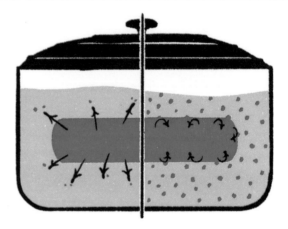

大厨的秘密是用高汤炖肉，而不是用水

正确的方法

为什么要用高汤而不是用清水炖肉？

当熬制肉汤的时候，会往水里放入肉和蔬菜，再将它们煮上好几个小时，令它们的味道全部转移到水里，形成汤底。

如果用水炖肉的话（甚至加入了蔬菜），这和熬制肉汤有什么区别呢？肉的大部分味道都融入了水里。这样做实在太傻了。那么，究竟该怎么做呢？

必须牢记的一点是，千万不要在烹饪的过程中让肉的味道流失了。为了留住肉的风味，炖肉的液体必须已经充满了味道，这样它就无法接受新的味道了。这么做，炖肉才能保留它原有的风味。

因此，我们在炖肉的时候，例如在做蔬菜炖牛肉时，会使用高汤来炖，千万不要用清水炖。

为什么炖肉的水里不能加胡椒？

我已经说过很多遍了（请参见"胡椒"和"汤底和高汤"），但我还要重申一遍：经过长时间的炖煮后，胡椒的味道会被煮进汤里，让高汤变得苦涩辛辣。实际上，想要证实这一点的话，您只需要往少量的水中加入胡椒粒，煮上20分钟感受一下就能找到答案，或者请您遵循最好的香料店老板的建议。总之，无论如何都不要相信胡椒的味道会渗透进肉里。所以，我们通常只会在烹饪完成后往菜里添加胡椒！

千万、千万不要在炖肉的汤里添加胡椒！

为什么炖锅的材质非常重要？

铸铁锅和铁锅将热量传导给肉的方式不同（请参见"炊具"）。铸铁会吸收热量，然后将吸收的热量以非常温和、缓慢的方式传导到锅的整个表面，包括底部和四周。铁是无法吸收热量的，因此只有受热的部位可以导热，所以热量的传递会非常猛烈，且只集中在锅的底部。用铸铁锅或是用铁锅炖肉，高下立见。选择铸铁锅炖肉效果更好！

锅的大小重要吗？

我们之前已经讲过，炖肉时，重要的是尽可能保持肉的原汁原味，减少味道的流失。因此，加入的水越少，炖肉的汤汁味道饱和的速度就越快，从而肉可以保留的原味就越多。因此，选择的炖锅大小应该略大于需要放入的肉的体积，这样可以尽量减少炖肉所需的水量。

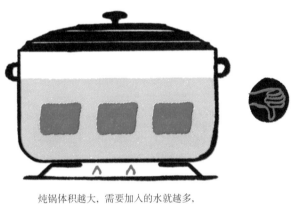

炖锅体积越大，需要加入的水就越多，
肉的味道流失也就越多

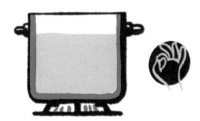

铸铁锅可以将热量传导到锅的所有表面

炖锅体积越小，需要加入的水就越少，
肉的味道流失也就越少

炖肉的知识

关于专业炖肉的三个问题

1 为什么用冷水炖肉或是热水炖肉其实没什么差别？

我刚刚告诉过您，有些人会跟您解释说他们会将肉放入热的高汤中炖，这样做肉会收缩并保留更多的味道，这根本是在胡说八道。这种说法的理论依据是不成立的，因为如果肉收缩的话，就会排出肉汁，产生很多风味。呵呵，是的。但是科学家们还是做了实验去验证两者间的区别。他们将同一块肉切成两半，然后将其中一块放入热水中，另一块放入冷水中。然后将这两块肉炖煮20个小时，每15分钟取出来一次，对其进行称重，并观察两者的变化。结果显而易见。在烹饪的前15个小时里，这两块减少的重量完全相同，从第15个小时到第20个小时，放在热水中炖煮的肉减少的重量更多一些。而一开始放入冷水和热水中炖煮的两块肉，它们的肉质、味道和口感都没有太大差异。

2 为什么一定要用沸点以下甚至微微翻滚的水炖肉？

您一定见过锅中沸腾的水吧，会有很多大气泡升起，并且不停地摇晃。如果您用沸腾的水炖肉的话，不断上升的气泡会逐渐地从肉块上分离出细小的肉屑，这些肉屑漂浮在水面，与肉里溶解出的脂肪和气泡中所含的少量空气混合在一起，形成灰白色的泡沫，被有些人误认为是"杂质"（见"汤底和高汤"）。但是，如果您用低于沸点的水，甚至是微微翻滚的水炖肉的话，水不会产生剧烈的运动，肉块上掉落的碎屑比较少，形成的浮沫也比较少，烹饪的效果会更好。还有一个很棒的理由就是，用沸腾的水炖出来的肉会比低温炖煮的肉硬得多。

3 为什么炖肉时一定要加盖？

当炖锅盖上锅盖的时候，液体转化成的蒸汽会留在锅里并且重新落在肉上。而如果开盖炖肉的话，蒸汽就会散掉，液体的体积会变小，暴露在液体以外的肉很容易变干。这样一来我们就得往高汤里加水，肉里的精华就会流失，因为高汤加了水，饱和度就会降低。所以，请盖上锅盖！

为什么漂浮在表面的泡沫不是浮沫?

为了达成共识,您首先必须了解"浮沫"一词的定义:浮沫是指在搅拌、加热或是发酵的液体表面形成的灰白色的、或多或少混合着杂质的泡沫。因此,只有含有杂质的泡沫才能称为浮沫。除非蔬菜没有清洗干净,上面残留了泥土污垢等,或者切肉的案板不太卫生才会有杂质,否则是不会有杂质产生的。如果没有杂质,就不会有浮沫。在制作胡萝卜泥和炖牛肋排时要如何处理锅里的杂质呢?其实,您什么都不用做,因为根本没有杂质!如果没有杂质,也就没有浮沫,那些只是泡沫而已。

为什么要将这层泡沫撇去?

我们已经介绍过,如果锅里漂浮着泡沫,这就说明您炖肉的温度过高火力过猛了。既然泡沫已经出现,就必须将它撇去,因为这层泡沫会产生苦涩、辛辣的味道。

为什么要用蛋清、蔬菜和绞肉来澄清高汤?

在"汤底和高汤"部分我们已经说过,但我还是要强调一下。蛋清已经完全能够有效地澄清高汤了,但是,我们在澄清高汤的同时,汤底中的很多味道也被带走了。因此,为了避免高汤变得平淡无味,我们会再加入一些切碎的蔬菜和绞肉来补偿高汤失去的味道。

为什么又说用蛋清澄清高汤已经过时了?

我们澄清高汤是为了使高汤变得清澈透亮,没有悬浮的碎肉。今天,我们也可以用很细的筛子来过滤掉高汤里的碎肉,使得高汤变得非常清澈。如果您不想再被澄清高汤的问题所困扰,就去买一只漏勺吧。

在漏勺上垫一张滤网,就能过滤掉更细的碎屑

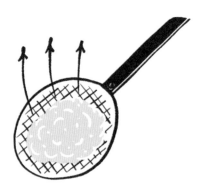

为什么提前一晚做好的炖肉更好吃?

在烹饪的过程中,肉里所含的胶原蛋白转化成胶质,这些胶质的吸水性非常好。放置一夜以后,肉会继续吸收少量的高汤,变得更加多汁。这就是为什么蔬菜炖牛肉要在享用前一夜炖好,才更加美味。

鸡的烹饪

我们已经反复提到在烤箱或是串在铁杆上烤制的鸡肉，我们也知道该怎么做。
但这里我还是要提醒您避开一些误区！

要点回顾

为什么千万不要在烤鸡前撒胡椒粉？

皮肤是一层防水的保护层，可以保护动物免受外界伤害。胡椒（就和盐一样）在烹饪的过程中是无法穿过皮肤的，只能停留在表面。而且之前我们说过胡椒在高于140℃的温度下就会烧焦（请参见"胡椒"）并且产生苦涩的味道，留在鸡皮上。因此，划重点，千万不要在烤鸡前撒胡椒粉。

为什么说烤鸡的时候先烤鸡腿然后再烤鸡的其他部位是愚蠢的？

如果您使用炖锅炖鸡的话，这个小妙招是行得通的。这样做会提高烹饪的效率，鸡腿直接接触热源，因此是从鸡腿开始烹饪的，而不是鸡胸肉。而用烤箱烤鸡的话，这样做则毫无意义。因为在烤箱里鸡腿和鸡胸肉都处于同样的温度下。无论如何，鸡胸肉终究是又干又柴的！给您提这条建议的人一定没有经过大脑。

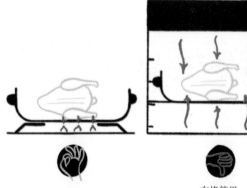

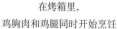

在炖锅里，从鸡腿开始烹饪

在烤箱里，鸡胸肉和鸡腿同时开始烹饪

为什么塞进鸡肚子里的馅料无法赋予烤鸡任何味道？

我们已经说过，将鸡肉腌制10小时左右，腌渍汁只能渗透进肉里2～3毫米（见"腌渍汁"），您指望塞进鸡肚子里的馅料在很短的时间内味道能够渗透得更多？真是搞笑！更重要的是，在馅料和鸡肉之间，还隔着栅栏一样的鸡肋骨。您会天真地以为味道可以穿透骨头吗？呼，真的很无语。

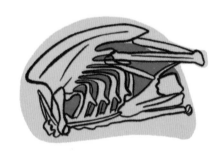

为什么说用铁杆串着烤制并不是解决鸡胸肉口感柴的好方法？

我们经常会在肉店的橱窗里看到油亮的烤鸡被串在铁杆上并慢慢地旋转。但是，这些烤鸡的胸脯肉依然无法逃脱口感又干又柴的命运。因为，尽管烤鸡被串在铁钎上不停地转动，可怜的鸡胸肉承受的热量依然与鸡翅和鸡腿相同，但鸡胸肉却比其他部位更容易熟。要想做出好吃的烤鸡，必须在烤制的过程中时不时地让铁杆停止旋转，当鸡的背部朝向热源时，让铁杆停下来，多烤制一会儿。以这样的方式，鸡胸肉会被慢慢地烤熟，才会变得软嫩多汁。

为什么鸡胸肉的口感通常都比较干?

由于鸡胸肉比较瘦,因此熟得比较快。相反,其他部位的鸡肉含油脂和胶原蛋白较多,因此所需的烹饪时间更长。通常,鸡胸肉的烹饪时长比其他部位的鸡肉要少20分钟左右。

显然,要想均匀地烹饪一只鸡是需要技巧的。

因此,为什么烤鸡时要将鸡胸肉朝下放置?

如果您将鸡胸肉朝上放置的话,最先接收烤箱热量的就是鸡胸肉,而不是所需烹饪时间更长的鸡腿。这样的话,鸡腿和鸡翅烤制得更慢,而鸡胸肉已经干掉了。这样做真蠢!

解决方法就是尽可能将烤鸡放置在烤箱中较高的位置,鸡胸肉朝下放置。用这种方法,需要烤制最久的部分可以靠热源最近,而鸡胸肉则可以被慢慢地烤熟。

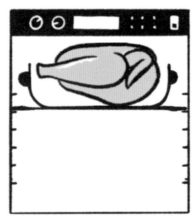

烤鸡应该放置在烤箱的上部
并且鸡胸部位朝下

为什么烤好的鸡不能放,必须尽快食用?

如果像醒牛排那样将烤好的鸡静置几分钟的话,那简直就是悲剧了!因为鸡肉里的汁水会消失殆尽,鸡皮会吸收一部分汁水然后变得松弛。再见了,油亮酥脆的鸡皮!

正确的做法是在烹饪结束前将烤鸡取出,静置15分钟(①),再将其重新放入烤箱,继续完成烹饪,这样可以让鸡皮重新变得酥脆可口(②)。

为什么不要往鸡皮上浇淋任何汤汁?

鸡皮在保持干燥的情况下就会变得焦脆。如果您在烹饪的过程中加入了水或者高汤的话,就会增加烹饪湿度。所谓的湿度,坦白说,这还需要解释吗?唯一可以淋在烤鸡上的东西,就是油脂,因为油脂里没有水分,会使鸡皮变得异常酥脆可口。

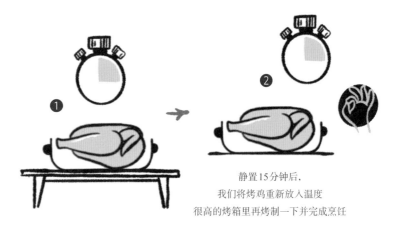

静置15分钟后,
我们将烤鸡重新放入温度
很高的烤箱里再烤制一下并完成烹饪

肉冻和肉批

人们常常搞不清两者的区别。来吧，无论是鸡鸭肉、
鱼肉或者某些固定不变的配方制成的肉冻或肉批，千万别把它们混为一谈！

为什么肉冻和肉批有所不同呢？

我们会读到很多关于区别肉批和肉冻的信息：绞肉的肥瘦、肉的品质、烹饪的时间和方式……我会直接跳过这些信息。其实只要理解这两个单词的词根就够了。肉批（pâté）就是包裹在面皮（pâte）里烹制而成的一道料理（面皮>肉批）；肉冻则是以同样方式烹饪但却不含面团的一种料理，由于通常是在陶罐中（terrine）里制作而成的，因此我们称之为"肉冻"。

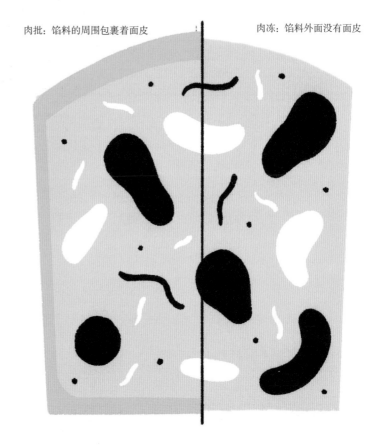

肉批：馅料的周围包裹着面皮　　　　肉冻：馅料外面没有面皮

为什么过去人们制作肉冻时会添加面皮？

刚开始，包裹着肉冻的面皮就是一层简单的面包皮，主要是为了令肉冻更好保存。同时，这层面皮还能保持馅料多汁的口感。后来，糕点师们将这一做法发挥到了极致，开始使用更加复杂美味的面皮，如千层酥皮或者黄油酥皮等。而今天，我们将包裹着各种面皮的肉冻称为肉批。

为什么一定要"往绞肉里加盐"？

"往绞肉里加盐"是指"在烹饪前24小时往肉里加盐"。这是一道非常古老的工序，过去我们不知道它的原理是什么，但这样做可以让馅料变得多汁。而今天，我们已经能够了解在这个过程中到底发生了什么。在用盐腌渍的24小时中，盐有足够的时间渗透进肉里，改变肉里所含的蛋白质的结构。因此，这些蛋白质在烹饪的过程中会收缩并排出汁液。这样我们得到的馅料就会更加多汁。

为什么要尽量避免使用椭圆形的陶罐来制作肉冻？

在椭圆形的陶罐中，边缘到中心的距离不等。由于陶罐中心有大量的馅料，我们会发现陶罐中心和两端受热不均。因此，最好选用宽度相同的矩形陶罐来制作肉冻。

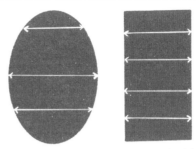

在椭圆形的模具中，中心和两端的厚度不同，而在矩形的模具中，每个点的厚度是相同的

为什么不需要在160℃的烤箱里用水浴法来制作肉冻？

刚开始，肉冻是用燃木的烤箱烤制的。这种烤箱无法精准地调节温度，因此我们会在陶罐下放一盆水，因为我们知道烤箱的温度会升至400℃，而水温最高不会超过100℃。在温度设定为160℃的烤箱中使用水浴法则毫无意义，因为陶罐底部的温度是100℃，而上面的温度是160℃。不用再纠结水浴法的问题了，直接将您的陶罐放入120℃～140℃的烤箱里，效果会更好！

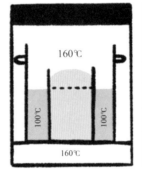
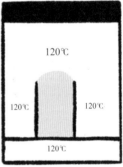

不用水浴法，食物受热更均匀

关于专业肉批的三个问题

❶

为什么在肉批外面的面皮上要留两个"烟囱"？

在烹饪的过程中，馅料中的汤汁会转化成蒸汽而流失。如果这些蒸汽无法排出而留在面皮里的话，面皮就会变软。如果在面皮上留1～2个小"烟囱"的话，就能够排出蒸汽，让面皮保持酥脆可口。

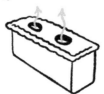

❷

为什么制作肉批最好使用可以打开的铰链状模具？

因为包裹着肉批的面皮通常比较脆弱，因此最好选择一个容易脱模的模具，以防止脱模过程中面皮被破坏。

❸

为什么我们要在肉批里加入一些肉冻？

在烹饪的过程中，肉批的馅料会膨胀，然后再冷却，从而引起收缩，产生难看的气孔。通常我们会在刚刚烤制完毕时，从"烟囱"里往面皮和馅料间注入一些肉冻，这样可以防止馅料变干。当馅料的温度降至室温，并最终定型后，我们会再加入一些肉冻。

鱼的烹饪

蒸鱼、煎鱼、炸鱼、烧鱼都不能即兴发挥啊。

而且，鱼肉非常的脆弱，我们必须遵循特定的烹饪方法，温柔和细心地去烹饪。

让我来总结一下。

正确的方法

为什么烹饪前要提前将鱼从冰箱里取出？

和肉一样，鱼在烹饪前也必须提前从冰箱里取出来，放在一块抹布上，让鱼肉微微回温。鱼肉需要在烹饪前15～20分钟取出，整条鱼则需要提前30～40分钟取出。这样可以防止鱼肉的中间部位尚未煮熟而外部已经变干甚至焦糊。但是，请注意，这样做绝不是为了避免所谓的"热冲击"（请参见"肉类的烹饪与温度"）！

鱼肉需要在烹饪前15～20分钟从冰箱里取出

整条鱼需要提前30～45分钟从冰箱里取出

真相

为什么柠檬汁不能将鱼"煮熟"？

请注意，柠檬汁是不能把鱼"煮熟"的，正如我们经常在书上看到的那样；煮熟是指在加热的行为下完成的！

但两者产生的效果真的很相似。柠檬汁可以改变鱼肉的pH值。在酸的作用下鱼肉会变白并且变得更加紧实。然而，鱼肉并没有被"煮熟"，依然是生的。

也许两种做法产生的效果多少有些相似，但过程是完全不同的。

为什么鱼的烹饪温度比肉的烹饪温度低？

鱼肉中的蛋白质比肉类中的蛋白质开始发生转变的温度要低，而且，鱼类的结缔组织中所含的胶原蛋白比肉类所含的要少，因此，这些胶原蛋白转化成胶质的温度更低。如果说肉类从60℃开始排出汤汁，从70℃开始变干的话，那么鱼肉从45℃就开始收缩，从50℃就开始变干了。因此做鱼的时候一定要避免温度过高。

1 为什么鱼类的烹饪时间不像某些肉类那么长?

　　鱼是水生动物,就是这个原因改变了一切。陆地上的生物都有一副大骨架、强健的肌肉和较厚的结缔组织,这样才能支撑它们的身体自由地走动。在大海或者海洋中,海水的密度使鱼类可以在水中浮游,因此它们不需要结实的肌肉和厚实的结缔组织。由于没有结实的肌肉和厚实的结缔组织,鱼类的烹饪时间比很多肉类要短得多。

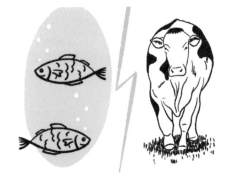

鱼类是靠水的浮力"支撑"的,
而陆地生物则需要靠它们自身的肌肉来支撑它们的身体

2 为什么煮熟的鱼肉比较容易散?

　　鱼肉是由包裹着胶原蛋白的肌肉纤维构成,但是这种肌肉纤维不同于陆地生物的长直型肌肉纤维,鱼肉是呈W型连接在一起的。问题就在于,鱼肉中所含胶原蛋白溶解的温度比陆地生物的肉所含胶原蛋白溶解的温度要低得多,大概在50℃左右。一旦到达这个温度,胶原蛋白就会溶解,从而无法继续将鱼肉连接在一起,鱼肉就会一瓣一瓣地散开。

一旦胶原蛋白溶解,鱼肉就会散成一瓣一瓣的

3 为什么煎好的鱼肉不用像其他肉类一样静置一段时间?

　　我们之所以要将做好的肉静置一段时间,是为了让肉的表面干掉的部分吸收肉里所含的部分汤汁,在冷却的过程中,肉会变得多汁。但对鱼肉而言,由于它们几乎没有结缔组织,因此鱼肉的温度下降得很快,而且鱼肉更加易碎。如果您将鱼肉静置一段时间再享用,只会吃到已经冷掉的鱼肉。

聚焦
为什么金枪鱼比其他鱼更容易变干变硬?

　　体型较大的鱼类,如金枪鱼,肌肉细胞中含有大量蛋白质,当温度升高时,这些蛋白质就会凝固,而当其他蛋白质收缩时,这些蛋白质会随着汤汁从鱼肉中排出。因此,这种鱼肉干得更快。另外,其余没有排出的蛋白质在鱼肉纤维间凝结,将鱼肉连接在一起,从而导致鱼肉口感变硬。

关于鱼的烹饪

为什么清蒸鱼熟得比较快？

很简单，因为蒸锅里的湿润的空气能够加快烹饪的速度。这种烹饪方式特别适合细嫩的鱼肉，因为可以避免鱼肉的外部已经焦糊而中间还没有熟透。不管怎样，如果您想要将整条鱼清蒸的话，必须保持低温烹饪，大概维持在70℃左右，这样才能让整条鱼从里到外均匀地受热。

为什么不要将鱼肉叠放在蒸屉上？

蒸汽必须环绕在所有的鱼肉周围才能将其蒸熟。如果您将鱼肉叠放在蒸屉上的话，交叠的部分无法接触到蒸汽，这样鱼肉就不能均匀受热了。

为什么蒸熟的鱼皮会变得又胶又黏？

鱼皮中含有一种保护性黏液，还有脂肪和大量的胶原蛋白。我们通常会在蒸鱼前将鱼皮上的黏液洗净，但鱼皮中含有的胶原蛋白在烹饪的过程中会转化成胶质，使得鱼皮呈凝胶状。

如果鱼肉交叠摆放，重叠的部位无法被蒸汽加热

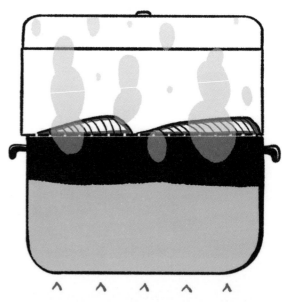

但如果平铺的话，蒸汽就能均匀地加热每一块鱼肉

为什么必须用鱼高汤来煮鱼而不能用清水煮？

如果您选用清水煮鱼的话，请尝一尝煮鱼的水，即使您提前加入了各种蔬菜和香料，开水里依然会有鱼的味道。这种味道正是烹饪过程中鱼肉所流失的所有味道。因此，鱼肉的味道就会大不如前。太可惜了。为了防止鱼肉的味道转移到水里，就必须选择味道已经饱和的液体来煮鱼。因此，我们通常会选用鱼高汤来煮鱼，千万不要用清水煮，尽管那样鱼肉可能熟得更快。

正确的方法

为什么千万不能将体型较大的鱼放入温度很高的液体中煮？

当您将一条大鱼浸入温度很高的液体时，这条鱼的表面受热后会很快被煮熟，而当热量传递到鱼肉里面的时候，鱼的外层已经煮过头了。但如果您用中火煮鱼的话，热量会慢慢地渗透，外层不会被煮过头，整条鱼可以均匀地受热。如果您看到水面时不时地冒几个小气泡，说明烹饪的温度是刚刚好的，大约80℃左右。

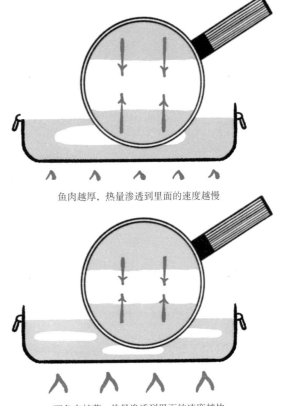

鱼肉越厚，热量渗透到里面的速度越慢

为什么小鱼可以放入温度很高的液体中煮？

好吧，就因为它们很小，所以我们可以将它们放入滚烫的液体中煮！热量无须穿过很厚的鱼肉就能到达中心位置，因此鱼的外层也不会煮过头。煮熟一条小鱼的时间是很短的。

而鱼肉越薄，热量渗透到里面的速度越快

专业技巧

为什么用烤箱煮鱼会产生"神仙"效果？

这种方法是一名来自瑞士的厨师弗雷德·杰拉尔德（Freddy Girardet）发明的，这名厨师曾在1986年获得全球最佳厨师称号，并于1989年被《戈尔与米约》（Gault et Millau，作者注：继米其林指南之后的法国第二大美食指南）授予世纪厨师的称号。这种烹饪方法充分体现了人类的智慧。将煮和烤的烹饪方式完美地结合，用这种方法烹制出来鱼肉外脆里嫩，入口即化。我们在平底锅里铺上一层香草植物，然后放上鱼肉，加入刚好没过鱼皮的白葡萄酒，不要加盖，将整口平底锅直接放在烤箱里预热好的烤架下面，保持约15厘米的距离。烤架的热量将鱼皮烤干的同时会将葡萄酒烧热，从而将鱼煮熟。几分钟后，我们就能吃到鱼皮焦脆可口、鱼肉鲜嫩多汁的烤鱼了。这真是一个令人疯狂的诀窍！

关于鱼的烹饪

煎

为什么比较厚的鱼不能煎？

通常平底锅适用于高温快速的烹饪方式。如果鱼太厚的话，外表已经煎过头了里面还没熟透。因此，这种烹饪方式比较适合不是很厚的鱼肉或者整鱼。

为什么说鱼皮非常重要？

在烹饪的过程中，鱼皮起到保护鱼肉的作用。鱼皮煎得越干、越焦脆，说明热量传导的速度越慢。热量传导速度越慢，也就意味着鱼受热越均匀。对于带皮的鱼肉而言，通常刚开始都是鱼皮朝下放置，先用大火煎（①），再转小火，然后将鱼肉翻面，使鱼肉朝下，并一直保持小火煎制（②）。

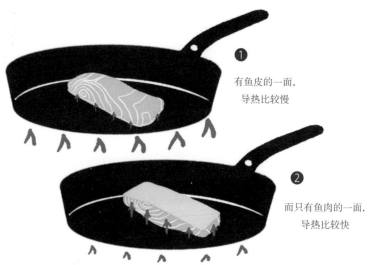

① 有鱼皮的一面，导热比较慢

② 而只有鱼肉的一面，导热比较快

烤

为什么要在烤鱼肉比较厚的部位划几刀？

鱼身上各个部位的肉厚度并不相同。鱼身中间的肉比较厚，头尾和边缘的肉比较薄，因此所需的烹饪时间也不尽相同。为了使整条鱼能够均匀地受热，解决方法很简单，只需要在鱼肉比较厚的部位划上几道宽4～5毫米，深约2厘米的刀口就行，这样热量就能轻易地渗透到最厚的鱼肉里啦。

在鱼身上划上一些刀口可以缩短热量传导到鱼肉里面的距离，让整条鱼可以均匀地受热

为什么用盐焗的方法可以做出美味的菜肴？

当一条鱼被盐包裹着的时候，鱼和包裹它的盐壳中间是没有空隙的。鱼肉中蒸发的水分被锁在盐壳里，这样做可以保留鱼的所有味道并且口感不会太干。

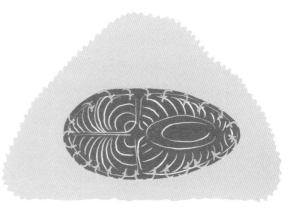

盐焗不会把鱼腌得很咸吗？

盐焗这种烹饪方式，其实是按照食谱，将粗盐、面粉、蛋清、香草或香料混合在一起揉成面团。这层盐壳在烹饪的过程中会变干，并且阻止盐的溶解。由于盐不会溶解，因此也不会将鱼肉腌得太咸。

盐壳可以锁住鱼肉中的水分，
防止鱼烤得太干

锡纸烧

为什么锡纸烧能够做出如此丰富的风味？

这种烹饪方式能够将水分锁在一个密闭的空间里，鱼是被自己身上排出的汤汁煮熟的。我们也可以加入一些香草、香料、少许橄榄油等，这些香料可以渗透进鱼肉里，并且产生新的味道。但尽量不要选用铝箔纸，还有不要把两层纸叠在一起烹饪（见"厨房用具"）。

炸

为什么拖面炸鱼那么好吃？

炸鱼外面裹的那层面皮在油炸的过程中会迅速变干，并且变得非常酥脆。这层面皮会形成一层屏障，阻止热量向鱼肉的中心渗透，同时阻止鱼肉中的水分转化成蒸汽排出。最后，鱼肉是在自身排出的汤汁中煮熟的，并且产生了一些新的味道，包裹在酥脆外壳下的是软嫩多汁的鱼肉。

美味！

为什么炸鱼骨也能吃？

炸鱼骨，真的太好吃了！当然不是所有鱼骨都能吃。大鱼的骨头是不能炸着吃的，但是有些鱼，比如舌鳎鱼的鱼骨炸出来非常美味。鱼骨头里所含的钙质比肉骨里的少，而且它们所含的胶原蛋白不像陆地生物的胶原蛋白那么硬。坦白说，这真是一道值得一试的美味！

蔬菜的切法

您知道切蔬菜的方法会影响蔬菜的味道、口感和烹饪时间吗？
同时还会影响和这些蔬菜一起炖的其他菜的味道？
您不知道是吗？那么切根胡萝卜试试吧。

为什么说交换表面非常重要？

虽然我们很少提到这个词，但是，交换表面是烹饪中非常重要的一个因素。那么究竟什么是"交换表面"呢？我们知道，如果我们将蔬菜切成小块的话，那么烹饪所需的时间就比切成大块的要短。但很少有人知道，蔬菜被切得越小，它们的交换表面就越大；交换表面越大，烹饪过程中食物与周围环境的接触面积就越大。所谓的"交换表面"就是指交换味道和香气的表面。

一整根胡萝卜具有一定的体积，当把这根胡萝卜放进锅里时，就会与锅底产生一个接触面积。将胡萝卜去皮，然后将削下来的胡萝卜皮拼接起来：这就是一整根胡萝卜的表面积。接下来，如果我们将胡萝卜切片，那么胡萝卜的体积不变，但表面积却增加了。如果我们继续切，它的表面积就会继续增大。您有跟着我在做吗？我继续。我们将胡萝卜切得越小，它的交换面积就越大，根据不同的烹饪方式，胡萝卜可能流失更多的味道。但如果换种烹饪方式，我们也可能得到更多的味道。例如，如果我们将切成小块的胡萝卜放进水里煮的话，胡萝卜就会流失很多的风味。而如果我们只用少量的水，并加入黄油和白糖的话，那么我们就能得到甜甜的、吸满黄油和胡萝卜汤味的汤汁了。

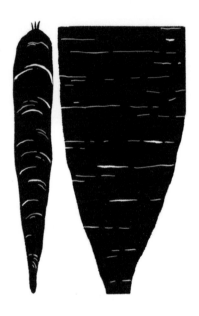

将胡萝卜的交换面积平铺开，
就是这样，惊讶吗？

注意啦！技术问题！

为什么交换表面会影响烹饪的过程和最终的结果？

下面，我们来看一下不同的交换表面和切菜方式对烹饪时间的影响吧。我们的胡萝卜切得越大，所需的烹饪时间就越长，切得越小，所需的烹饪时间就越短。这很符合逻辑！下面我们来探讨一些有点儿复杂却很有趣的问题吧。如果您将整根胡萝卜煮很久的话，由于胡萝卜外形圆润，没有缝隙，所以不容易裂开。可如果您将胡萝卜切成小块快速烹饪的话，胡萝卜块能够保持原状，不会受损。但如果您将切成小块的胡萝卜煮很久的话，这些胡萝卜块的边缘会被煮烂，直至成泥状。煮散的胡萝卜泥会让汤汁变得浑浊。如果您是用胡萝卜来做汤底或是高汤的话，那只能说抱歉了。但如果您是调制调味汁的话，以胡萝卜丁为原材料可以增加酱汁的浓稠度，并增添许多风味。这是一种纯粹的幸福！

不同切法和它们的交换表面

2毫米厚的长片

在一定的时间内，快速地失去或获得味道，但口感比较紧实。

适合炖煮2～4小时的料理：鸡汤、炖肉……

4毫米厚的长片

在一定的时间内，快速地失去或获得味道，但口感比较紧实。

适合3小时以上的长时间烹饪：高汤、汤底、蔬菜牛肉浓汤……

边长1毫米的小块

快速地失去或得到味道。

适合10～30分钟的快速烹饪：浓稠的酱汁。

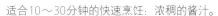

边长2～3毫米的小丁

快速地失去或获得味道。

适合15分钟～1小时的中速烹饪：浓稠的酱汁。

边长4～5毫米的小块

快速地失去或得到味道。

适合30分钟～2小时的中速烹饪：调味汁。

边长10～15毫米的大块

失去或获得味道的速度中等。

适合2～4小时的长时间烹饪：调味汁。

1毫米厚，4～5厘米长的细条

味道流失的速度非常非常快。

适合超级快速的烹饪：配菜或者调味汁。

3毫米厚，4～5厘米长的粗条

快速地失去味道。

适合快速烹饪：配菜。

7～8毫米见方的粗条

味道流失的速度中等。

适合中速烹饪：配菜。

蔬菜的烹饪

我迫不及待地想要提醒您，蔬菜的烹饪与鱼类或肉类的烹饪完全不同。
把蔬菜全部丢进锅里，您将无须继续忍受平淡无味又难吃的蔬菜了。

啊哈，炒蔬菜的味道！

为什么蔬菜的烹饪方法与鱼类和肉类不同？

烹饪蔬菜的目的是通过破坏蔬菜的细胞膜和连接它们的果胶，使其变软。而鱼和肉类本身就是"软"的，我们不需要让它们变得更软（除了某些口感特别硬的肉，我们会通过烹饪使其软化），而是通过蛋白质凝固的方式对其进行加工。无论是蔬菜还是鱼和肉，我们都会通过加热的方法来烹饪，但效果是完全不同的。

为什么淀粉含量较高的蔬菜与其他蔬菜的烹饪方法不同？

淀粉是某些植物的能量储备，如土豆、豆类或谷物，我们将这类蔬菜称为"淀粉性食物"。淀粉的特殊性在于，没有煮熟就很难消化：您可以吃个生土豆试试！要想将淀粉煮熟，除了必不可少的热量，还需要水。这里所说的水可以是蔬菜自身所含的水分，如炒土豆，也可以是用来将它煮熟的水，如煮土豆。无论如何，淀粉需要一定的时间才能煮熟并且变得易于消化。而不含淀粉的蔬菜在烹饪的不同阶段都可以食用，这取决于人们希望吃到怎样的口感：生的胡萝卜、煮得软烂的胡萝卜、口感爽脆的四季豆等。

为什么烹饪前人们要先将蔬菜焯水？

焯水是指根据蔬菜烹饪的时间和大小，将其放入沸水中预煮1～3分钟。然后再捞出，用于其他的烹饪。这样做的意义在于，蔬菜不宜久煮。提前将某些蔬菜焯水，然后可以将其放入已经炖煮了好几个小时的菜里，稍微再煮一会儿就可以起锅了，或者您也可以在客人快要到的时候，完成蔬菜的烹饪。

为什么要往煮蔬菜的水里加盐？

盐水可以加快蔬菜变软的速度，因此可以缩短蔬菜的烹饪时间，并防止蔬菜的细胞流失过多的水分。特别是对于较细、较薄的蔬菜而言，这样做可以将蔬菜的外部迅速烧熟，同时保持内部的爽脆和多汁。

什么情况下不要放盐？

相反，对于需要长时间烹饪的蔬菜而言，往水里加盐却是大错特错的，例如，土豆，这样做会导致土豆的外部已经煮软了，并开始转化为泥状，而中间还没有煮透。

为什么用高汤煮蔬菜比用清水煮更好？

煮蔬菜时，蔬菜里的一部分味道会转移到水中。但是，如果您用高汤煮蔬菜的话，它们会相互渗透，蔬菜的味道会流失得慢得多。秘诀就是，把削下来的蔬菜皮熬制成浓缩的高汤。将这些蔬菜皮煮10分钟左右（①），然后将其捞出（②），再将处理好的蔬菜放入"高汤"中煮（③）。

注意啦!技术问题!

为什么煮绿色蔬菜的时候要用很多水？

绿色蔬菜最大的问题就是在烹饪的过程中如果操作不当的话很容易变黄。为了避免这个问题，就必须了解它们为什么会变色，主要是由两个原因引起的。这是个技术问题，但并不是很难理解。

1. 绿色蔬菜的叶子里含有一些小气囊，当它们被浸泡在热水中时，这些小气囊就会溶解。当这些气体从植物中跑出来的时候，会释放出一种酶，即叶绿素酶，它会改变叶绿素原本的颜色。这种酶在60℃～80℃最为活跃，但是当温度到达100℃时就会被杀死。

当您使用少量的沸水来煮蔬菜的时候，水温比较容易下降，叶绿素酶会变得很活跃，而当温度重新升高的时候，叶绿素已经被破坏了。如果您将蔬菜放入大量的沸水中煮的话，水温几乎不会降低，叶绿素酶无法活跃起来，因此蔬菜可以保持原有的绿色。

2. 在烹饪的过程中，绿色蔬菜会释放一部分酸性盐，这些酸性盐溶解于水中，使得煮蔬菜的水呈弱酸性。问题在于酸性的水会令绿色蔬菜发黑。

如果您用大量的水煮蔬菜的话，酸性就会被稀释，从而不会引起蔬菜的变色。您也可以往水中加入半勺小苏打来消除水的酸性。但千万不能加多了，否则蔬菜会变软。

煮完蔬菜后要将蔬菜迅速地浸入冰水中？

如果您立刻享用的话，那么就无须将蔬菜浸入冰水里了。如果您需要将蔬菜重新加热或者做成沙拉享用的话，这个步骤是必不可少的。如果您将煮熟的绿色蔬菜放入漏勺的话，那么蔬菜仍然是热的，也就意味着蔬菜还在继续被烹饪，那么到您享用的时候已经煮过头了。

但如果您将其浸入冰水的话，蔬菜就能瞬间冷却下来，并且避免被持续地烹饪。

啊！可别忘了在蔬菜冷却后要迅速将其沥干，以防止蔬菜吸收了过多的水分而吃起来像海绵。

关于蔬菜的烹饪

蒸

为什么通常蒸熟的蔬菜会比煮熟的蔬菜口感更硬？

水煮的蔬菜吸收了水分，有时吃起来口感比较绵软。蒸蔬菜时，蒸屉中的液体较少（蒸汽中所含的水分比水里少得多），蔬菜吸收的水分也比较少，因此口感会更硬一些。

为什么每种蔬菜受热情况不一样？

蒸汽的缺点就是当它们接触到蔬菜后会很快冷却。另外，蔬菜是处于静止的状态（而在沸水中则是运动的状态），因此有些地方很难加热到。我们经常发现有的蔬菜已经熟了而有的蔬菜还是生的。唯一的解决办法就是用一个很大的蒸屉将所有蔬菜薄薄地平铺在蒸屉上。

正确的方法

为什么往蒸菜的水中添加调料也是个不错的选择？

就和用水煮蔬菜是一个道理，蒸汽也会带走蔬菜一部分味道。当然，蒸菜的过程中蔬菜味道的流失微乎其微，但依然存在。为了补偿这种味道的流失，我们会在蒸菜的水中添加一些削下来的蔬菜皮和植物香料，它们和水一起加热后会转化为有味道的蒸汽。

蒸汽中的香味越浓郁，蔬菜越能够保留它们原有的味道。有些厨师把这种烹饪手法发挥得淋漓尽致，他们甚至会用胡萝卜汁来蒸胡萝卜。这样的话，我们就能做出味道浓郁的蒸胡萝卜了。听起来很不错，不是吗？

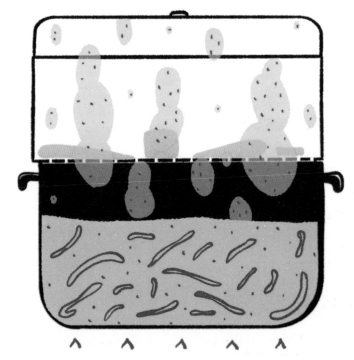

毫无疑问，往蒸菜的水中添加洗净的蔬菜皮
和植物香料，可以让蒸汽的味道变得丰富

为什么说煨菜的汤汁非常重要？

煨菜，是要加水的，但仅仅需要加入足够产生蒸汽的水量就可以了，煨和煮是有很大区别的。通常我们会加入不超过蔬菜高度1/4的水，以确保烤盘中能够产生足够的蒸汽。我们可以用水来煨菜，但最好选用蔬菜高汤或肉汤来煨菜。

由于烹饪的过程比较久，蔬菜和煨菜用的汤汁会相互作用，在渗透作用下会交换味道。您使用加了胡萝卜、蘑菇或者芹菜熬制的高汤做出来的煨菜味道绝对不会相同。根据您想要的味道选择熬制高汤的材料吧。

为什么使用大炖锅煨菜的效果最佳？

这主要是为了避免过多的蔬菜交叠摆放，让蒸汽可以均匀地加热每块蔬菜。炖锅体积越大，蔬菜交叠的部分就越少。

为什么最好用沸点以下，85℃以上的文火来煨蔬菜？

我们前面已经提过，蔬菜的细胞是靠果胶连接在一起的，如果果胶不分解，蔬菜就会保持它的硬度。而这些果胶在温度上升到85℃时开始分解，当温度到达100℃后，水就开始沸腾了。水分会迅速蒸发，令蔬菜朝着各个方向翻滚。如果我们可以将烹饪的温度保持在85℃的话，我们就会得到口感软硬适中的蔬菜。

为什么说在开始煨菜的时候加入一些香料和黄油是不错的选择？

如果您将香料（洋葱、大蒜、蘑菇、百里香等，按照您喜欢的味道来添加）煸炒一下的话，煸炒出来的香味会被高汤所吸收，然后就会令蔬菜和汤汁的味道变得馥郁芬芳。而黄油会带来轻微的油腻感，能够将蔬菜的汤汁乳化，并在口中留下绵长的余味。这可是大厨们的小秘密哦。

材料丰富的汤汁会让煨菜变得更加美味

关于蔬菜的烹饪

炖

为什么说炖菜最能保留蔬菜的风味?

这种烹饪方法能够最大限度地保留蔬菜原有的味道。蔬菜的味道不会转移到大量的水中也不会被蒸汽带走,蔬菜也不会因为表面被煎至上色而产生焦香味或焦糖味。我们能够品尝到蔬菜最纯粹的味道。

为什么炖菜最好选用边缘较浅的大平底锅?

尽量不要将蔬菜叠放在锅里,这样可以让锅底的所有蔬菜都直接接触热源,并能均匀受热。另外,平底锅的边缘较低,更多的蒸汽会聚集在相对狭小的空间里。烹饪环境中的湿度越高,蔬菜流失的水分越少。

为什么炖菜只加一点点水?

加入少量的水是为了创造湿润的烹饪环境,以尽可能避免蔬菜中所含水分的流失。因此,我们只需往锅中添加不超过蔬菜高度1/4的水,然后盖上锅盖,让蒸汽在平底锅中循环。蔬菜是在我们加入的水所产生的蒸汽中被煮熟的,同时也包括它们自身所含的水分转化的蒸汽。

大量的蒸汽和馥郁的汤汁,
这就是炖菜的秘诀

为什么烤蔬菜比煮蔬菜和蒸蔬菜更慢？

一方面，空气的导热性没有液体（水、高汤、油）的导热性好，空气加热的速度也远不如与蔬菜直接接触的烧热的平底锅。另一方面，用烤箱烤蔬菜的过程中，食物中的一部分水分会转化成蒸汽，并环绕在食物周围，形成一道看不见的屏障，延缓了烹饪的速度。

为什么烤蔬菜如此美味？

与平底锅相比，烤箱中烤制的食物集中了更多焦香的风味，因为食物表面被烤至上色的面积比较大，而不像平底锅或煎锅中的蔬菜，只有与锅底发生直接接触的部位才能被加热并煎至上色，烤箱里食物的整个表面都可以被烤至上色。

正确的方法

为什么用烤箱烤蔬菜前要先刷一层油？

原因如下：

1. 油可以更快地吸收烤箱中空气的热量，刷了油的蔬菜比不刷油的热得更快，从而提高了烹饪的温度，缩短了烹饪的时间。

2. 由于油令蔬菜的表面温度迅速升高，因此加速了食物被烤至上色的速度，从而缩短了烹饪时间。

3. 油可以令蔬菜中所含的糖分焦糖化，焦糖化可以令食物产生许多意想不到的美味。

为什么用烤箱烤蔬菜时要避免将蔬菜交叠摆放？

当蔬菜被叠放在烤盘里时，热量很难渗透进两块蔬菜交叠在一起部分，被压在下面的那块蔬菜由于水分无法顺利地蒸发，因此容易变软。

为什么在烤制切成大块的蔬菜时要在上面加盖铝箔纸？

在烤盘上加盖一层铝箔纸，蔬菜在烹饪的过程中可以保持湿润，防止变干（①）。大约15分钟后，必须将铝箔纸揭开，淋上2～3汤匙的橄榄油（②），将蔬菜拌匀并且重新放入烤箱，烤至蔬菜表面上色并形成焦脆的外壳（③）。

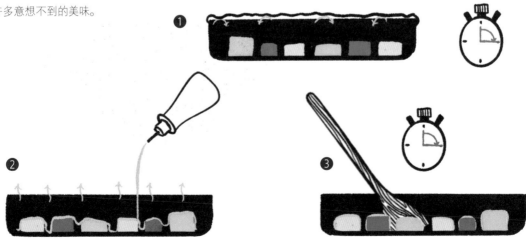

关于蔬菜的烹饪

炒

为什么炒蔬菜非常美味?

炒菜需要很高的温度。炒菜的过程中发生了大量的美拉德反应,蔬菜中所含的糖分被充分焦糖化的同时还保留了蔬菜爽脆的口感。

想要成功地做出好吃的炒蔬菜,就要努力做到以下四件事:

1. 将蔬菜切成薄片,以便可以迅速地炒熟。

2. 保持很高的温度,以便可以发生美拉德反应。

3. 加入油,让美拉德反应加倍,避免蔬菜粘在平底锅或炒锅上,保留蔬菜散发的香味。

4. 注意不停地颠锅,避免蔬菜煳掉。

健康小贴士!

为什么炒蔬菜可以保留蔬菜更多的营养成分?

炒是一种快速、不加水的烹饪方式。蔬菜本身的性质没有遭到破坏,因为蔬菜里的营养成分还来不及溶解,就被牢牢地锁在了蔬菜的保护细胞里。

聚焦

为什么炒锅最适合用来炒菜?

炒锅之所以适合用来炒蔬菜,主要因为它具备以下两个特点:

1. 炒锅圆形锅底可以将陆续加入的蔬菜集中在锅底的中央。

2. 炒锅比普通的平底锅和煎锅更耐高温,炒锅的温度可以轻松地达到400℃! 这样一来,烹饪的速度会快得多,能够产生更多的美拉德反应,蔬菜在被做熟的同时保留了爽脆的口感。坦白说,炒锅是炒蔬菜最好的选择!

炒锅的温度能够让蔬菜被快速做熟的同时保留爽脆的口感

为什么炒蔬菜不能用黄油?

黄油从130℃起就会被烧焦了,因此,黄油并不适合炒这种温度很高的烹饪方式。在平底锅中炒菜的温度会上升到200℃左右,而用炒锅炒菜温度则会高达300℃~400℃。

正确的方法

为什么当蔬菜被切得很细的时候,最好直接将油倒入平底锅或炒锅里?

我们在"油和脂肪"部分提到过,最好在食物下锅前往上面淋些油。但是,对切得很细的炒蔬菜而言,却不是这样,由于它们与平底锅或炒锅的接触面积非常小,我们会发现蔬菜上会挂有很多多余的油。

因此,我们可以先将平底锅或炒锅烧热,然后倒入油,随后立即倒入切好的蔬菜。并且不停地翻炒,以防止蔬菜烧焦。

为什么起锅前要溶解锅底的精华?

在炒菜的过程中,蔬菜会产生很多美味的精华。

如果将这些粘在锅底的精华倒掉就太可惜了(①)。此时,我们可以往炒菜里倒入少许酱油,2~3汤匙的高汤或者少量的水,让精华脱落(②),这样您就能得到美味的酱汁(③)。我们还可以往炒好的菜里加入少许黄油。

美味!

为什么我们可以选用其他油脂来代替植物油炒菜?

这应该能够让您找到一些美食家鉴赏美食的感觉了。您可以添加少量鹅油或者鸭油来代替植物油,这样做可以为蔬菜带来动物脂肪的香气,特别是在煎芦笋或者是炒四季豆的时候。

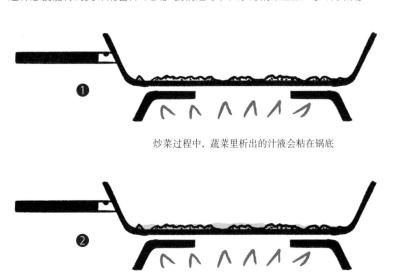

炒菜过程中,蔬菜里析出的汁液会粘在锅底

倒入少量水或酱油,再加热一会儿,
将粘在锅底的精华刮下来

蔬菜中析出的汤汁精华溶解在所加入的液体中,
形成了美味的酱汁

炸薯条

"炸薯条，炸薯条！"每个星期三我们都会听见。坦白说，麦当劳的炸薯条确实挺诱人的。
但是，千万不要贪图它的简便快捷！用心地做一份炸薯条，真正的自制炸薯条。
您会成为英雄，成为薯条之王！

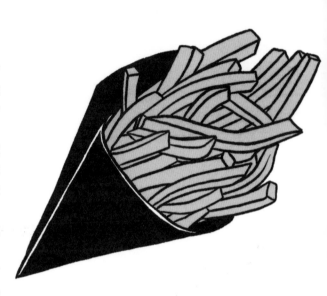

已证明！

为什么要根据油炸的次数来选择土豆？

让我们来了解一下具体情况。炸薯条的每种烹饪方法对所选的土豆都会产生特殊的影响。对需要炸两遍的薯条而言，则必须要选用比较面的土豆，也就说淀粉含量较高的土豆，主要有两个原因：

1. 土豆里所含的部分水分会令淀粉膨胀。土豆的淀粉含量越多，水分含量就越少。并且如果薯条中蒸发的水分越少，薯条从炸完一次到第二次炸的间隙，渗入进薯条里的油也就越少。

2. 高含量的淀粉可以让薯条的表面在短时间内形成焦香酥脆的外壳。

但是，对只炸一遍的薯条而言，就需要选用淀粉含量较低，水分含量较高的土豆，也就是比较嫩的土豆。理由很简单。只炸一遍的薯条烹饪时间更长，水分的蒸发需要更长的时间。土豆里所含的水分越多，薯条的口感就越软糯。

小常识

为什么有些餐厅会强调他们的薯条是"刀切的"？

这并不意味着他们的薯条不是冷冻的，而是用一种巧妙的方法告诉您他们的薯条质量很好。用手切的薯条粗细不一，有的薯条比其他薯条略粗、略长。正是由于这些差异，每根薯条都是独一无二的，而机器切的薯条粗细均等，连味道都是一样的。刀切的薯条味道和口感更丰富。

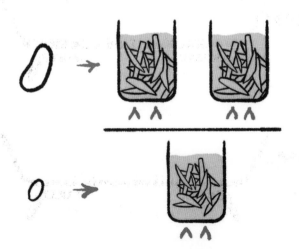

需要炸两遍的薯条最好选用富含淀粉的面土豆，
而只炸一遍的薯条则选用水分含量较高的嫩土豆

关于炸薯条的两个问题

为什么薯条必须要炸两遍？

炸薯条的过程是热量由外向里传递的。问题在于土豆是一种导热性很差的蔬菜。一根8毫米厚的薯条，浸泡在温度为180℃的油里，内部的温度要达到100℃至少需要5分钟。在此期间，薯条的表面已经炸糊了甚至已经变成焦炭了。

解决这个问题的方法就是将薯条先在温度不是很高的油里炸一遍，第一遍的油温是120℃～130℃，这样做可以让薯条的中间被炸熟而表面不会被炸糊（①），然后再将薯条放入180℃的油里复炸一遍，大概炸2分钟，以使所有薯条的表面变得金黄焦脆（②）。我们会发现这样炸出来的薯条外表酥脆内心软糯！

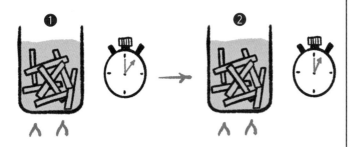

那么为什么只炸一遍的薯条也可以很美味？

是的，我知道，我之前说过薯条必须要炸两遍，这是炸薯条的经典做法。但是只炸一遍的薯条也能做出意想不到的味道！炸一遍的时间更长，但是味道也确实更好。

1. 将薯条放入炸锅，在室温下让薯条充分地沾满油，用小火持续加热15分钟，不要搅拌！在温度上升的过程中，土豆中所含的水分会慢慢地蒸发，此时薯条的中间有足够的时间被慢慢地加热。

2. 当薯条的表面形成酥脆的外壳时，翻动薯条，然后继续炸10～15分钟。因为我们用的温度比传统炸薯条的温度要低很多，因此薯条流失的水分较少，在形成非常酥脆的外壳的同时还能保持内心的绵软。

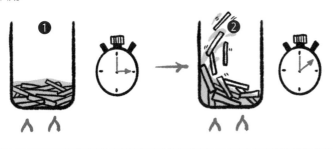

为什么失败的炸薯条吃起来特别油腻？

炸第一遍的时候，土豆中所含的部分水分转化成蒸汽。蒸汽从薯条中排出，这就是我们看到油里升起的那些小气泡。当这些气泡升起时，油是无法渗透进薯条里的。

但是，一旦我们将薯条从热油里取出，薯条内部的压力开始下降，蒸汽会重新凝结，薯条就会吸收一部分覆盖在它表面的油来补偿流失的水分。这样，就完蛋了，薯条会变得非常油腻，甚至从里到外都很油腻。

幸运的是，这个问题有两种解决方法：

1. 一次炸完取出后，立即复炸一次。

2. 将薯条从油里捞出后，立即将其表面的油吸干，这样薯条就只能吸收到很少的一部分油。

为什么无论用哪种烹饪方法都必须立刻将薯条表面的油吸干？

如果薯条的烹饪方式正确的话，那么薯条的表面是不会很油腻的。但是，炸薯条中油量控制非常重要。通常100克炸薯条中就含有25克的油，也就是说薯条中的含油量是薯条总重量的1/4！但是如果您在薯条刚刚捞起的时候就用吸油纸将起表面的油吸干的话，差不多就将3/4残余的油吸走了，这样薯条中含油量将小于10%。这很值得一试，不是吗？

荷包蛋

荷包蛋，绝对是一门艺术。
收下这些做出成功的荷包蛋的秘诀吧！

为什么做荷包蛋的鸡蛋越新鲜越好？

非常新鲜的鸡蛋，蛋清比较厚，能够很好地聚集在蛋黄周围。因此，在烹饪的过程中蛋清不易在水中散开。而鸡蛋时间放得越久，蛋清就越容易在水中溶解。如果您使用不新鲜的鸡蛋做荷包蛋的话，那就糟糕了，蛋清会散落在锅里，煮后的蛋黄和蛋白是分开的。简直是彻底的失败！

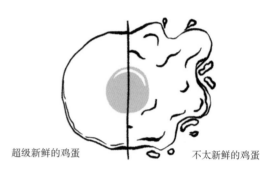

超级新鲜的鸡蛋 　　　　　　　　不太新鲜的鸡蛋

正确的方法

为什么在做荷包蛋前一定要将鸡蛋过筛？

如果您使用的是一周以上的鸡蛋，就必须将鸡蛋"打碎"，倒入滤网里，将较稀的液体蛋清过滤掉，只留下黏稠的蛋清和蛋黄。这可是大厨的秘诀哦！

为什么要在煮荷包蛋的水中加醋？

醋可以令煮鸡蛋的水变成酸性并加速蛋白的凝固。鸡蛋的表面凝固得越快，散落在锅里的蛋清就越少。醋，可不能加多了，3～4汤匙就足够了。并且请选用白醋，以免让蛋白染上别的颜色。您也可以在煮带壳的鸡蛋时，往水里加入少量醋。如果很不幸鸡蛋上出现裂缝，那么醋会令蛋白迅速凝固并形成一道保护层。

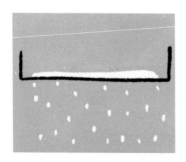

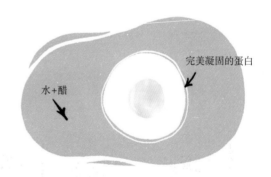

完美凝固的蛋白

水+醋

为什么不要用沸水做荷包蛋？

我们在"炖肉"的部分提到过，当水沸腾时，会向着各个方向翻滚并且会冒出许多大气泡。您想要在几乎喷涌而出的水中小心翼翼地煮荷包蛋吗？先将水煮开，然后将火关小，让水保持在微微沸腾的状态。这样水的运动不会很剧烈，鸡蛋不会翻滚得很厉害，这是做荷包蛋的最佳温度。

为什么要先将鸡蛋打在一个小碗中而不是直接打在锅里？

为了让鸡蛋保持完整，就要防止蛋清在水中散开。如果鸡蛋直接打入热水里，蛋清就会散开，您做出来的荷包蛋肯定是失败的。

但如果您将每个鸡蛋分别打入小碗中（①），然后将其轻轻地滑入热水里（②），蛋清会慢慢地凝固，而不会散开（③）。这样就能做出完美的荷包蛋啦！

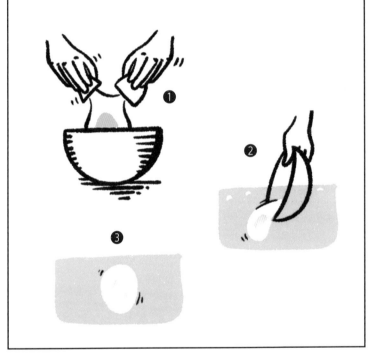

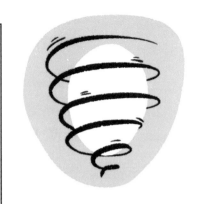

提前在锅里制造一个旋涡是否真的有意义？

在煮鸡蛋的水里制造一个旋涡（例如，用刮刀朝着顺时针方向搅动），倒入水中的鸡蛋就会被旋涡包裹起来。但问题是这样煮出来的鸡蛋会被拉长，呈椭圆形，因此没有普通荷包蛋的外形美观。

为什么我们可以提前将荷包蛋做好，然后吃的时候再加热？

同时做几人份的荷包蛋总是件很头疼的事。

解决这个问题的秘诀就是提前将鸡蛋煮好，然后浸入装有冷水的沙拉碗中，中止烹饪。需要时将其放入装有热水的锅中继续煮2～3分钟。此时，锅中的热水只能处于微微冒气的状态，不会翻滚，更不会沸腾。这样的水温足以将鸡蛋加热，又不至于继续煮，将鸡蛋煮得过老。

煮鸡蛋和煎鸡蛋

有人对您说："自己做份鸡蛋吧！"那么到底是煮鸡蛋还是煎鸡蛋呢？

为什么煮鸡蛋的水要保持在沸点以下？

想要煮出来的鸡蛋口感不是很干，秘诀就是用温度低于沸点的水煮鸡蛋。这样煮鸡蛋水分不会蒸发得很快，煮熟的鸡蛋蛋白软硬适中，相当完美。至于烹饪时间吗，10～11分钟，刚刚好。

嗯！

为什么煮过头的鸡蛋蛋白像橡胶，蛋黄像沙土？

鸡蛋煮的时间越久，透过蛋壳蒸发掉的水分就越多（参见"鸡蛋"）。当蛋清里所含的水分不足时，就会变得很硬，很有弹性，像橡胶一样。而当蛋黄里的水分大量流失时，就会变得像沙土一样。一颗美味的水煮蛋，并不复杂，但在烹饪过程中还是要注意一些最基本的要求。

煮过头的鸡蛋会产生一股蛋臭味？

如果当蛋白变得像橡胶，蛋黄变得像沙土，还继续用高温煮鸡蛋的话，蛋白质中所含的硫原子就会释放出来。这些硫原子与氢结合形成硫化氢，使蛋黄外廓的颜色变成绿色，并产生一股鸡蛋腐烂的味道，这股味道是煮过头的鸡蛋特有的。

煮过头的鸡蛋/完美的煮鸡蛋

正确的方法

为什么在烹饪的过程中要时不时地将鸡蛋搅动一下？

是的，需要搅动，但是是非常轻柔地搅动！蛋黄的密度比蛋清低。尽管蛋黄被卵黄系带固定在鸡蛋的顶端，但是在静止的状态下，蛋黄会在蛋清中上升。蛋黄会移动，而最靠近蛋壳的部分会熟得很快。在烹饪的过程中轻轻地搅动鸡蛋，可以让蛋黄保持在鸡蛋的中间位置，同时防止鸡蛋被煮过头。请注意，我说的是轻轻地搅动！

搅动过的鸡蛋

未搅动过的鸡蛋

为什么做煎鸡蛋时最好把"厚蛋清"挑破？

特别新鲜的蛋黄周围包裹着厚厚的蛋清。这种蛋清在做煎鸡蛋时不容易被煎熟，因为普通蛋清从62℃起开始凝固，而这种蛋清要到64℃才能凝固。问题在于，这种厚蛋清会漂浮在普通蛋清上面。当温度升高到足够煎熟这些蛋清的时候，美味的流心蛋黄已经开始变干、变硬了。因此，一定要将这层厚蛋清挑破，用叉子将其从蛋黄上剥离，然后弄碎。这样蛋清才能均匀受热，蛋黄也不会煎老。

从为什么到怎么做

为什么做煎鸡蛋时不要往蛋黄上撒盐？

盐具有吸水性，也就是说盐会吸收水分。当您往蛋黄上撒盐时，每一粒盐都会吸收少量的水分。这些撒了盐的部位就会变干，蛋黄上会出现许多透明的小斑点。盐，只能在鸡蛋煎好后，撒在蛋白上。

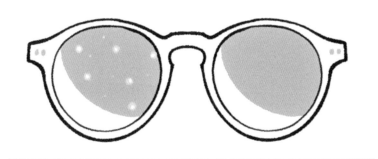

为什么在镜面煎蛋中我们看不到蛋黄？

我们所说的镜面煎蛋是指厚蛋清盖住了蛋黄，变成半透明状，可以反射光线，像面镜子一样。要想做出蛋黄不干的镜面煎蛋，就必须用烤箱烹制，或者在煎蛋的时候盖上锅盖，利用鸡蛋中散发出来的蒸汽，在厚蛋清不直接接触热源的情况下，将鸡蛋煎熟。

"为什么人们说吃鱼
会让人变得聪明？"

索引

必备的工具   10

厨房用具   10

刀具   16

磨刀器与磨刀棒   24

炊具   26

烤盘   30

基本调味品   32

盐   32

胡椒   42

油和其他脂肪   48

香脂醋   56

香料植物   58

大蒜、洋葱和红葱头   62

辣椒   68

乳品和鸡蛋   72

牛奶和奶油   72

黄油   80

奶酪   84

鸡蛋   88

米和意大利面   96

米   96

意大利烩饭和西班牙海鲜饭   98

寿司饭   102

意大利面   104

意大利肉酱面   116

肉类   118

肉的品质   118

肉的颜色   122

脂肪真美味！   124

肉类的软硬度   126

一块好肉的秘密   128

火腿   130

鸡和鸭   132

绞肉和香肠   136

河鲜和海鲜 140

鱼的品质 140

鱼的挑选与保存 144

日本鱼 146

鲟鱼卵和其他鱼卵 148

贝壳类海鲜 152

龙虾 156

螃蟹和蜘蛛蟹 160

章鱼、鱿鱼和墨鱼 164

蔬菜 168

蔬菜的品质 168

蔬菜的料理 172

土豆和胡萝卜 174

准备工作 178

熟成 178

腌渍汁 180

油醋汁 182

调味汁 184

汤底和高汤 186

鱼高汤 192

烹饪 194

肉类的烹饪与温度 194

加盖或不加盖？ 196

煎肉 198

煨肉 202

炖肉 204

鸡的烹饪 208

肉冻和肉批 210

鱼的烹饪 212

蔬菜的切法 218

蔬菜的烹饪 220

炸薯条 228

荷包蛋 230

煮鸡蛋和煎鸡蛋 232

致谢

非常感谢伊曼纽尔·勒瓦洛瓦（Emmanuel Le Vallois）在本书撰写过程中的信任与支持，以及为本书的撰写提供了许多独到的见解，令我如沐春风。谢谢！另外，非常感扬尼·瓦鲁思科（Yannis Varoutsikos），他的绘画、他的机智为书中这些技术性极强的插画增添了许多人情味，我还要感谢他如英国人一般的严谨，尽管他是希腊人。向你致敬，我的老兄弟！

另一位我要感谢的人就是马里恩·皮帕特（Marion Pipart），他在工作之余反复地阅读、修改我写的内容，让这本书通俗易懂，同时还要感谢他为我们带来的爽朗的笑声。谢谢！

然后，我还要感谢索菲·维莱特（Sophie Villette）的排版和萨布丽娜·本德斯基（Sabrina Bendersky）最后的校对。

最后我要感谢的是我最最亲爱的妻子，马琳（Marine），她给予了我莫大的支持，还要感谢我的孩子们，这些脏兮兮的小家伙整天无休止地问我，为什么？为什么？为什么？逼得我不得不多掌握些知识，否则无法回答他们的问题。

我爱你们！

图书在版编目（CIP）数据

厨房科学超图解：700个料理冷知识，解密烹饪的真相／（法）亚瑟·勒凯斯纳
著；（法）扬尼·瓦鲁思科绘；孙静译.—武汉：华中科技大学出版社，2021.10
ISBN 978-7-5680-5179-8

Ⅰ.①厨… Ⅱ.①亚… ②扬… ③孙… Ⅲ.①烹饪－问题解答 Ⅳ.①TS972.1-44

中国版本图书馆CIP数据核字（2021）第156121号

POURQUOI LES SPAGHETTI BOLOGNESE N'EXISTENT PAS by Arthur Le Caisne
Illustrations by Yannis Varoutsikos
© Marabout (Hachette Livre), Paris, 2019
Current Chinese translation rights arranged through Divas International,
Paris (www.divas-books.com)
Chinese (Simplified Chinese characters) translation©2021 Huazhong University Of Science and
Technology Press
All rights reserved.

简体中文版由Marabout授权华中科技大学出版社有限责任公司在中华人民共和国境
内（但不含香港特别行政区、澳门特别行政区和台湾地区）出版、发行。

湖北省版权局著作权合同登记　图字：17-2021-069号

厨房科学超图解：

700个料理冷知识，解密烹饪的真相

Chufang Kexue Chao Tujie: 700 Ge Liaoli Lengzhishi, Jiemi Pengren de Zhenxiang

[法] 亚瑟·勒凯斯纳 著
[法] 扬尼·瓦鲁思科 绘
孙静 译

出版发行：华中科技大学出版社（中国·武汉）	电话：(027) 81321913	
北京有书至美文化传媒有限公司	(010) 67326910-6023	
出 版 人：阮海洪		

责任编辑：莽　昱　谭晰月

责任监印：赵　月　郑红红　　　　　　　　　封面设计：邱　宏

制　　作：北京博逸文化传播有限公司	
印　　刷：北京华联印刷有限公司	
开　　本：787mm×1092mm　1/16	
印　　张：15	
字　　数：123千字	
版　　次：2021年10月第1版第1次印刷	
定　　价：168.00元	